MÉMORIAL

DES

SCIENCES PHYSIQUES

PUBLIÉ SOUS LE PATRONAGE DE

L'ACADÉMIE DES SCIENCES DE PARIS

DES ACADÉMIES DE BELGRADE, BRUXELLES, BUCAREST, COÏMBRE, CRACOVIE, KIEW,
MADRID, PRAGUE, ROME, STOCKHOLM (FONDATION MITTAG-LEFFLER), ETC.,
AVEC LA COLLABORATION DE NOMBREUX SAVANTS.

DIRECTEURS :

Henri VILLAT et Jean VILLEY

FASCICULE V

Les Bases Physico-Chimiques de la Distillation

PAR M. JEAN BARBAUDY

Docteur ès Sciences-Physiques.

PRÉFACE DE M. H. LE CHATELIER

Membre de l'Institut.

PARIS

GAUTHIER-VILLARS ET Cie, ÉDITEURS

LIBRAIRES DU BUREAU DES LONGITUDES, DE L'ÉCOLE POLYTECHNIQUE

Quai des Grands-Augustins, 55

1928

AVERTISSEMENT

La Bibliographie est placée à la fin du fascicule, immédiatement avant la Table des Matières.

MÉMORIAL

DES

SCIENCES PHYSIQUES

PUBLIÉ SOUS LE PATRONAGE DE

L'ACADÉMIE DES SCIENCES DE PARIS

DES ACADÉMIES DE BELGRADE, BRUXELLES, BUCAREST, COIMBRE, CRACOVIE, KIEW,
MADRID, PRAGUE, ROME, STOCKHOLM (FONDATION MITTAG-LEFFLER), ETC.,
AVEC LA COLLABORATION DE NOMBREUX SAVANTS.

DIRECTEURS :

Henri VILLAT et Jean VILLEY

FASCICULE V

Les Bases Physico-Chimiques de la Distillation

Par M. Jean BARBAUDY

Docteur ès Sciences-Physiques.

Préface de M. H. LE CHATELIER

Membre de l'Institut.

PARIS

GAUTHIER-VILLARS ET Cⁱᵉ, ÉDITEURS

LIBRAIRES DU BUREAU DES LONGITUDES, DE L'ÉCOLE POLYTECHNIQUE

Quai des Grands-Augustins, 55

—

1928

MÉMORIAL

DES

SCIENCES PHYSIQUES

PARIS. — IMPRIMERIE GAUTHIER-VILLARS ET Cie

83171-28.   Quai des Grands-Augustins, 55.

PRÉFACE

La séparation des mélanges liquides par distillation a joué un très grand rôle dans le développement de la chimie organique, tant scientifique qu'industrielle. La plupart des réactions organiques donnent simultanément naissance à différents corps qu'il faut ensuite séparer l'un de l'autre. On ne possède généralement pas pour cela de méthodes analytiques rigoureuses, comparables à celles de la chimie minérale. Dans l'industrie, la fabrication de l'alcool et le traitement des pétroles reposent entièrement sur l'emploi des colonnes de rectification. L'importance de ce problème devient plus grande encore depuis que l'on poursuit, avec espoir prochain de succès, la fabrication synthétique des carburants liquides destinés à remplacer l'essence de pétrole.

Dans l'étude de ces méthodes de distillation, les perfectionnements techniques ont précédé le développement des connaissances scientifiques, et pendant longtemps on a dû se contenter de règles empiriques pour l'installation des appareils de rectification. La situation s'est modifiée depuis que la mécanique chimique a réussi à jeter une certaine clarté sur ces problèmes. Les travaux de Schreinemakers ont permis une classification très précise de tous les cas particuliers qui peuvent se présenter et donné une orientation très utile aux travaux des chimistes qui explorent ce domaine.

M. Barbaudy est particulièrement au courant du problème de la distillation des mélanges complexes. Il a fait au laboratoire une étude très complète des systèmes ternaires : Eau, Alcool et Benzène où il s'est révélé un expérimentateur très habile. A cette occasion il a imaginé des méthodes ingénieuses pour l'analyse rapide des mélanges liquides recueillis au cours de la distillation. Ses recherches l'ont conduit à étudier le mécanisme de ces phénomènes. Particulièrement documenté sur les théories qu'il expose dans son petit livre, il sera pour le lecteur un guide très averti.

H. Le Chatelier.

LES BASES PHYSICO-CHIMIQUES

DE

LA DISTILLATION

Par M. Jean BARBAUDY,

Docteur ès sciences physiques.

1. **Introduction.** — Dans ce bref opuscule nous nous efforcerons de montrer que la distillation, malgré les phénomènes complexes qu'elle met en œuvre, peut s'expliquer d'une manière très simple au moyen des lois classiques de la mécanique chimique, qu'elle ne fait intervenir qu'un petit nombre de principes et peut s'exposer à l'aide de calculs élémentaires.

Le problème se pose au technicien de la manière suivante : Étant donné un mélange liquide en séparer les constituants par distillation. La question se résoudra en deux étapes : 1° On déterminera les conditions d'équilibre du système à l'état liquide comme à l'état gazeux; 2° Le diagramme pression-température-concentration étant connu on choisira le cycle le plus convenable d'opérations à faire subir au mélange et l'on réalisera un appareil pour les effectuer.

La mécanique chimique, grâce aux travaux de Le Chatelier, F. A. H. Schreinemakers, de S. Young et de Lecat, nous fournit une méthode rationnelle pour résoudre entièrement la première partie du problème. Au contraire, la construction des colonnes ne repose encore que sur des données pour la plupart tout à fait empiriques. Nous nous efforcerons toutefois d'isoler les phénomènes simples dont ces appareils sont le siège et d'orienter les recherches sur les facteurs dont la connaissance permettrait leur mise au point scientifique.

Je suis heureux de remercier ici mon Maître, M. H. Le Chatelier, d'avoir bien voulu présenter mon modeste travail à mes lecteurs, ainsi qu'à l'Office National des Combustibles Liquides dont l'appui m'a aidé à poursuivre ces recherches.

CHAPITRE I.

SYSTÈMES BINAIRES.

L'équilibre du liquide avec la vapeur qu'il émet domine tout le problème de la distillation. D'autant plus complexes que le nombre des constituants est plus considérable, les relations entre les deux phases présentent leur simplicité maximum chez les systèmes binaires que nous étudierons avec quelques détails.

Rappelons d'abord certaines notions fondamentales :

On appelle *point d'ébullition d'un liquide* la température à laquelle, sous une pression donnée, ce liquide émet sa première bulle de vapeur. On appelle *point de rosée d'une vapeur* la température à laquelle, sous une pression donnée, cette vapeur laisse déposer sa première goutte de rosée. Pour un corps pur ces deux températures coïncident; pour un mélange le phénomène devient plus compliqué.

Pour un même mélange le point d'ébullition et le point de rosée sont des fonctions de la pression externe, mais dans tout ce qui suit nous ne nous occuperons que des équilibres à pression constante, *isobares*, qui ont seuls un intérêt pour le chimiste. Il en résulte, qu'à pression constante, le point d'ébullition et le point de rosée d'un mélange binaire ne sont plus fonctions que de la composition. Sur le plan température-concentration les points figuratifs du liquide et de la vapeur tracent respectivement les *courbes d'ébullition et de rosée* dont l'ensemble constitue l'isobare de distillation du système. Trois cas peuvent se présenter.

2. Les liquides ne sont pas miscibles (*fig.* 1). — Le système eau-benzène est le type de ce genre de diagrammes. Il se compose d'une ligne horizontale d'ébullition $\alpha\beta$ commune à tous les complexes, des deux lignes de rosée $B\gamma$ (vapeur saturée de benzène), $A\gamma$ (vapeur saturée d'eau). La vapeur γ est saturée à la fois de benzène et d'eau liquide.

Quand on chauffe un complexe tel que m, l'ébullition se produit quelle que

soit sa composition, à la température T_r. A ce moment il y a émission de
vapeur plus riche en benzène que *m*. Le résidu s'enrichit en eau, son point
figuratif se dirige vers α qu'il atteint quand la totalité du benzène s'est éva-
porée. L'ébullition cesse alors tandis que la température s'élève à 100° où l'eau

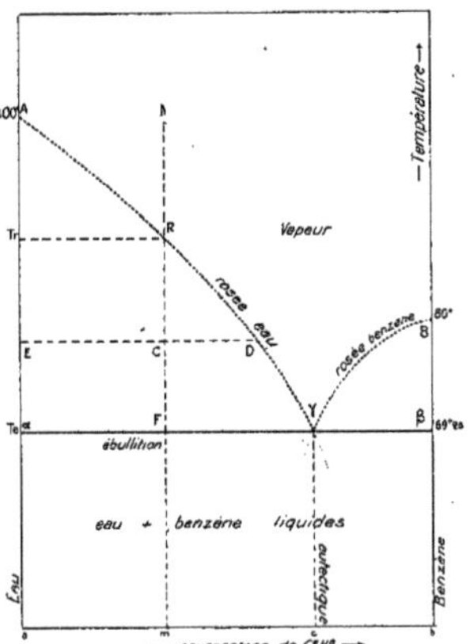

Fig 1. — Type I : Système Eau-Benzène.

recommence à bouillir. Dans ce processus la ligne de rosée passe inaperçue
parce qu'on opère par distillation, c'est-à-dire à température non uniforme,
et que la paroi froide enlève la vapeur au fur et à mesure de sa formation. Or,
on peut observer le point de rosée R : 1° en vaporisant le complexe *m* dans
une enceinte close à température uniforme sous une pression de 760^{mm}; la
température à laquelle disparaît la dernière goutte de liquide est la température de rosée; 2° en refroidissant la vapeur M. Quand la température de
celle-ci s'abaisse en T_R, la première goutte d'eau apparaît au point de rosée.
Puis la vapeur s'enrichit progressivement en benzène tandis que son point
figuratif décrit la courbe R γ. En γ la première goutte de benzène apparaît,
la liquéfaction totale de la vapeur mixte se produit tandis que la température
reste constante.

γ est donc un véritable point d'eutexie défini par la réaction

$$(1) \qquad \lambda_1\, C^6 H^6_{liq} - \lambda_2\, H^2 O_{liq} \rightleftharpoons \lambda_3\, vap(\gamma),$$

où λ_1, λ_2, λ_3 sont les coefficients de la réaction. Pour cette raison nous dirons que ce type de diagramme est caractérisé par l'existence d'un point d'eutexie, c'est le seul type dont nous puissions donner une théorie quantitative, dérivée d'ailleurs de la loi des gaz parfaits.

Théorie des courbes de rosée. — Le long de chaque courbe de rosée la pression partielle P_A du constituant A dans la vapeur saturée du liquide A est égale à la tension π_A de celle-ci, de sorte qu'on peut écrire

$$P_A = \pi_A.$$

Si P est la pression totale supportée par le système on a, en appliquant la loi de Dalton,

$$\pi_A - P_B = P,$$

le long de la courbe de rosée de A, et

$$\pi_B - P_A = P,$$

le long de la courbe de rosée de B.

De ces relations on déduit les formules donnant les compositions des vapeurs saturées par rapport à un seul constituant le long de chaque courbe de rosée

$$(1) \qquad \begin{cases} m_A = 100\,\dfrac{\pi_A}{P} = \varphi_A(t), \\[2mm] m_B = 100\,\dfrac{\pi_B}{P} = \varphi_B(t). \end{cases}$$

Ces formules ne sont autres que les équations relatives à la pression P des courbes de rosée de chaque constituant; m_A en m_B sont les pourcentages moléculaires du constituant saturé de vapeur. Enfin au point d'eutexie l'intersection des deux courbes nous conduit à la formule de Brown

$$(2) \qquad \frac{m_A}{m_B} = \frac{\pi_A}{\pi_B}$$

qui exprime qu'au point d'eutexie les nombres de molécules des constituants dans la vapeur sont proportionnels à leurs tensions respectives.

Les considérations précédentes expliquent clairement les particularités qu'on rencontre dans l'entraînement à la vapeur des hydrocarbures, de leurs dérivés halogénés, nitrés, etc. Elles permettent de calculer à l'avance la composition du distillat suivant qu'on entraîne à la vapeur d'eau surchauffée ou non (c'est-à-dire suivant que la vapeur mixte est saturée ou non de la substance à entraîner) et selon la température et la pression de l'opération. D'après cela en injectant de la vapeur d'eau surchauffée dans un hydrocarbure le distillat

obtenu est toujours moins riche en carbure que la vapeur eutectique, et, d'autant moins que la surchauffe est plus notable.

Cette théorie n'est pas encore très répandue dans les laboratoires
de chimie organique, exception faite toutefois des résultats partiels
contenus dans les travaux classiques de Gay-Lussac [30], Magnus [66],
Regnault [84], Gernez [31] et de Naumann [73]. Ce sont les savants
qui se sont occupés de l'industrie des huiles essentielles ainsi que de
l'essence de térébenthine, en particulier Charabot et Rocherolles [18]
Vèzes et Dupont [106] et *surtout* C. v. Rechenberg [81] qui ont précisé
nos connaissances dans ce domaine. Il me semble que cette théorie
prend une forme particulièrement simple et suggestive lorsqu'elle
est illustrée par le diagramme d'équilibre (J. Barbaudy [2], [4], [8]).

3. Miscibilité complète. L'azéotropisme. — Les isobares de distillation des mélanges de deux liquides miscibles en toutes proportions
présentent trois formes différentes (*fig.* 2) : A. Le système n'a ni

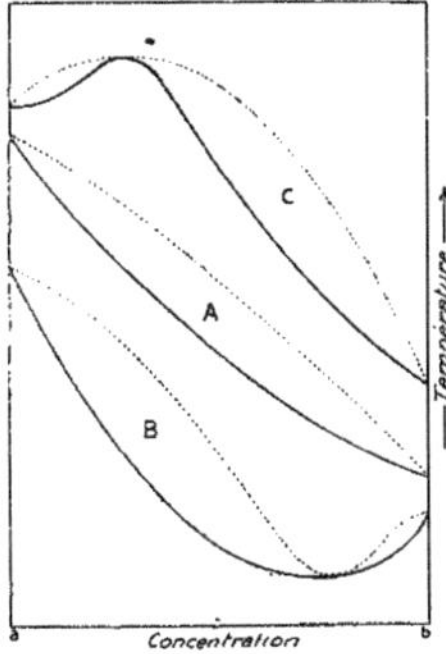

Fig. 2. — Type II : Liquides miscibles en toutes proportions.

maximum, ni minimum de point d'ébullition; B. Le système possède
un point d'ébullition fixe minimum; C. Le système possède un point
d'ébullition fixe maximum.

A. Ce type se présente avec les couples de substances ayant mêmes
fonctions chimiques tels que les carbures, les alcools, les éthers-

sels, etc., entre eux. les gaz de l'air entre eux et avec l'hydrogène, etc.,
ou encore avec des combinaisons ayant des points d'ébullition très
différents.

Lorsque les analogies sont très étroites (exemple $C^6 H^6 + C^6 H^5 CH^3$,
$C^6 H^5 Cl + C^6 H^5 Br$, etc.), la tension de vapeur peut se calculer
d'après la règle des mélanges

$$(3) \qquad P = \frac{m\,\pi_A - (100 - m)\,\pi_B}{100},$$

où

$\quad P =$ tension de vapeur du mélange à la température t,
$\quad \pi_A =$ tension de vapeur du corps A à la température t,
$\quad \pi_B =$ tension de vapeur du corps B à la température t,
$\quad m =$ pourcentage moléculaire de A dans le liquide.

Cette formule, qui a été soumise au contrôle de l'expérience par
S. Young [110] et surtout par Dolezalek [21] et ses collaborateurs
permet la détermination approximative du point d'ébullition d'un
mélange donné quand on possède les tables de tensions de vapeur
des constituants. On peut même en déduire la composition de la
vapeur. D'après S. Young, la composition y de la vapeur émise par
un mélange de benzène et de toluène est liée à la composition x du
liquide par la relation de Brown

$$(4) \qquad y = \frac{\pi_B}{\pi_T}\,x,$$

où x et y sont les rapports des pourcentages moléculaires $M_B : M_T$ et
$m_B : m_T$ du benzène et du toluène respectivement dans le liquide et
dans la vapeur

$$(5) \qquad x = \frac{M_B}{M_T}; \qquad y = \frac{m_B}{m_T}.$$

Les relations (3), (4), (5) ont été appliquées arbitrairement par de nombreux auteurs au calcul des diagrammes de distillation. Elles peuvent
renseigner qualitativement sur l'allure des phénomènes mais ne sau-
raient en aucun cas remplacer la détermination expérimentale du diagramme du système. Les conséquences pratiques qu'on en peut déduire
sont valables dans la mesure où ces relations s'appliquent. Nous nous
permettons d'insister sur ce sujet car on trouve dans la littérature trop
de calculs de distillation qui ne reposent que sur cette base fragile (¹).

(¹) Au sujet des relations physico-mathématiques qui permettent le calcul des
courbes de tensions totales en tensions partielles on consultera avec avantage l'excel-

B et C. Ce type de diagrammes se présente avec les couples de
substances qui ont des fonctions chimiques différentes et éloignées
dans la suite de Rothmund : par exemple les alcools et l'eau, les
alcools et les éthers-sels, les alcools et les hydrocarbures et leurs
dérivés halogénés, les éthers-sels et les hydrocarbures, etc. Il est
d'autant plus marqué que les points d'ébullition des deux constituants
sont plus voisins comme en témoigne le Tableau I.

Depuis la publication de la monographie de Lecat [46] on tend à
appeler *azéotropes* les mélanges *homogènes* à point d'ébullition
fixe. Leur importance vient de ce qu'ils limitent, comme nous le
verrons plus tard, la séparation du mélange par distillation à l'azéotrope et à l'un des constituants. On trouvera dans la table de Lecat
une liste d'environ 1100 azéotropes binaires pour la plupart à point
d'ébullition minimum. La réaction d'équilibre de l'azéotrope liquide
avec sa vapeur se représente par l'équation

$$(\text{II}) \qquad \text{Liquide azéotrope (P. T.)} \rightleftarrows \text{Vapeur (P. T.)}.$$

D'après Lecat, l'azéotropisme est positif quand il y a abaissement
du point d'ébullition; il est négatif dans le cas contraire. Une grande
dissemblance (α) entre les constituants A et B est sans doute favorable
à un azéotropisme accentué, mais elle n'est pas indispensable, une forte
association moléculaire (β) pouvant suffire, surtout si elle ne se produit que chez l'un des constituants. Ainsi Lecat [50] fit-il connaître
des cas d'azéotropisme entre hydrocarbures, entre dérivés halogénés,
entre alcools et entre éthers-sels. Mais si les deux conditions sont
réunies, et si les températures d'ébullition sont très voisines, l'écart
azéotropique δ atteint souvent une dizaine de degrés et même davantage (pour le système acétamide-diéthylaniline, l'écart est de $+19°$).

D'après cela, on peut, comme l'ont montré Bancroft [1], son
élève Pettit [77] et récemment C. v. Rechenberg [83], prévoir dans
une certaine mesure l'azéotropisme en cherchant si les courbes de
tensions de vapeur des constituants se coupent. Cette règle n'a rien
de rigoureux, elle facilite malgré tout la recherche des azéotropes en
adoptant l'énoncé de C. v. Rechenberg de la règle de Bancroft : *Les
liquides dont les courbes de tension de vapeur se coupent forment,*

lente monographie de Kremann [43] ainsi que le petit ouvrage de J. Hildebrand [37].
Voir aussi la Thèse de Michaud [71], les Mémoires d'Oman [75], de Rosanoff, Bacon
et Schulze [99].

à l'intérieur de certaines zones de pressions, des mélanges azéotropiques. Mais la réciproque n'est pas vraie, un grand nombre de systèmes déjà étudiés prouvent le contraire.

Tableau I.

Azéotropes binaires.

Les mélanges de ce tableau ne sont donnés qu'à titre d'exemple. Pour plus de détails on consultera les ouvrages de S. Young [110, p. 49], de C. v. Rechenberg [82, p. 516, 558]; les travaux de Hannotte [35] et surtout la remarquable monographie de Lecat [46] qui avec ses compléments [47, 48, 49, 52, 53, 55] doit renfermer une liste de 3000 azéotropes.

Constituants du mélange		P. E$_{100}$			Gr. % de A dans l'azéotrope.
A.	B.	A.	B.	Azéotrope.	
Acétone	Acétate de méthyle	56,25	57,0	56,10	55,0
»	Chloroforme	56,4	61,2	64,7	20.0
»	Acétone	56.4	64,7	55,7	88
Alcool éthylique	Bromure d'éthyle	78,3	38,4	37,6	3
»	Chloroforme	78,3	61,16	59,4	7,0
»	Hexane-*n*	78,3	68,95	58,65	21
»	Iodure d'éthyle	78,3	72,3	63,00	13
»	Acétate d'éthyle	78,3	77,15	71,8	30,98
»	Tétrachlorure de carbone	78,3	79,7	73,2	52
»	Méthyléthylcétone	78,3	79,6	74,8	40
»	Benzène	78,3	80,2	68,2	32,37
»	Cyclohexane	78,3	80,75	64,9	30,5
»	Toluène	78,3	110,6	76,7	68
Alcool isopropylique	Benzène	82,45	80,2	71,92	33,3
Alcool méthylique	Méthylal	64,7	41,2	41,82	18,2
»	Iodure de méthyle	64,7	44,5	39,0	7,2
»	Formiate d'éthyle	64,7	54,15	50.95	16
»	Acétate de méthyle	64,7	57,0	54,0	19
»	Chloroforme	64,7	61,2	53,5	12,5
»	Hexane-*n*	64,7	68,95	50,0	26,9
»	Tétrachlorure de carbone	64,7	79,75	55,7	20,56
»	Benzène	64,7	80,2	58,34	39,55
»	Cyclohexane	64,7	80,75	54,2	37,2
»	Heptane-*n*	64,7	98,45	60,5	62
Alcool propylique	Bromure de propyle	97,2	71,0	69,2	9
»	Propionate d'éthyle	97,2	99,1	93,4	51
»	Iodure de propyle	97,2	102,4	90,2	30
Eau	Alcool éthylique	100,0	78,3	78,15	4,43
»	Alcool isopropylique	100,0	82,44	80,37	12,10
»	Alcool butylique-3-*n*	100,0	82,55	79,91	11,76
»	Alcool allylique	100,0	96,55	88,0	28,0
»	Alcool propylique-*n*	100,0	97,20	87,72	28,22

Constituants du mélange		P. E$_{760}$			Gr. % de A dans l'azéotrope.
A.	B.	A.	B.	Azéotrope.	
Eau...............	HBr....................	100	−73	126	52,5
»	HCl....................	100	−84	110	79,76
»	HF....................	100	19,4	120	63,0
»	HI..	100	−34	127	43
»	HCO^{2}H...............	100	99,9	107,1	22,5
»	HNO^3................	100	38,0	120.5	32
»	HClO^4................	100	110,0	203	28,4
»	C^{2}H^{5}CO^{2}H.............	100	140,7	99,98	88,3

La plupart des systèmes du tableau ont un intérêt technique. Les mélanges d'eau et d'un alcool se rencontrent dans la préparation de cet alcool. Les solutions aqueuses des acides minéraux se trouvent dans la concentration des acides minéraux. Dans la distillation des méthylènes et la préparation des solvants pour films cinématographiques on traite des mélanges à base d'acétone et d'alcool méthylique. Dans les éthérifications on a à séparer des mélanges d'alcool et de son éther-sel. Les délayants pour vernis nitrocellulosiques sont à base d'alcools, d'éthers-sels et d'hydrocarbures benzéniques, etc.

Par une généralisation de la règle des mélanges, Dolezalek a bien tenté le calcul des isobares de distillation en invoquant la formation de combinaisons par association ou bien de produits de dissociation, mais en fait, dans le cas général, c'est l'expérience seule qui renseigne sur les relations entre les compositions du liquide, de sa vapeur, la pression et la température. M. Lecat [31] a aussi établi des formules empiriques qui permettent de calculer l'abaissement azéotropique $\delta(\Delta)$ en fonction de la valeur absolue Δ de la différence entre les points d'ébullition d'un alcool et d'un dérivé halogéné. Par exemple dans le cas de l'éthanol (P. E$_{760}$ = 78,4) et d'un dérivé monohalogéné on a d'une manière satisfaisante

$$\delta(\Delta) = 12,3 - 0.656\,\Delta + 0.0138\,\Delta^2 - 0,000142\,\Delta^3$$

(δ est rapporté au constituant le plus volatil parce que l'azéotropique est positif. Il serait rapporté au moins volatil dans le cas contraire).

4. Miscibilité partielle. — Dans ce cas l'isobare d'ébullition peut être considérée comme le résultat de la superposition de deux diagrammes : 1° un diagramme d'équilibre de deux substances insolubles dans le champ hétérogène ; 2° un diagramme d'équilibre de substances miscibles en toutes proportions. Tous les phénomènes qu'on peut rencontrer dans une distillation pourront donc être observés ici.

Les isobares des mélanges binaires de deux substances partiellement miscibles appartiennent à deux types principaux suivant que la composition de la vapeur en équilibre avec les deux phases liquides

1 et 2 est, ou non, intermédiaire entre les compositions de celles-ci :

(III) $\lambda_1 \text{liq}_1 - \lambda_2 \text{liq}_2 \rightleftharpoons \text{vap}(\gamma)$,

(IV) $\lambda_1 \text{liq}_1 - \text{vap}(\gamma) \rightleftharpoons \lambda_2 \text{liq}_2$.

La figure 3 représente le type (III); la figure 4, le type (IV). Les liquides l_1 et l_2 sont les solutions conjuguées en équilibre entre elles et avec la vapeur γ. A pression constante elles ont même point d'ébullition; à température constante, même tension de vapeur : Konovalow [42]. Par analogie avec les diagrammes de solidification des alliages nous dirons alors que le type (III) est caractérisé par l'existence d'un point d'*eutexie* $\alpha\gamma\beta$ (*fig.* 3) et le type (IV) par l'existence d'un

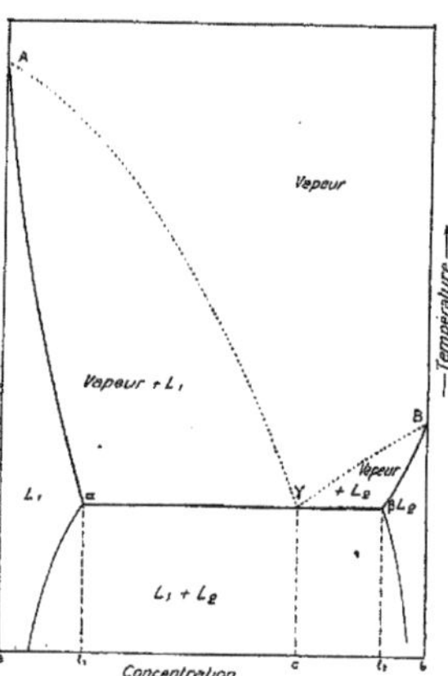

Fig. 3. — Type III : Système Eau-Aniline.

point de *transition* $\alpha\beta\gamma$ (*fig.* 4), sans attacher d'ailleurs autrement d'importance à ces dénominations qu'il n'est guère facile de généraliser pour les systèmes ternaires ou supérieurs. Le système (III) possède un mélange à point d'ébullition fixe minimum, le système (IV) présente un point d'ébullition fixe qui n'est ni un maximum ni un minimum. Ce fait ne contredit pas la loi de Duhem-Margules qui ne s'applique qu'à des systèmes homogènes d'équilibre biphasés.

Dans le cas (III) la vapeur eutectique donne à son point de rosée un condensat hétérogène dont la composition globale est identique à celle de la vapeur γ. Son point de rosée se confond avec le point d'ébullition du complexe liquide ε. Au point d'eutexie la pression totale de la vapeur est inférieure à la somme des tensions des constituants purs. La miscibilité partielle des composants relève donc les courbes de rosée de A et B par rapport à celles du diagramme théorique (I) qu'on pourrait calculer à partir des tensions de A et de B en négligeant la solubilité réciproque. L'existence de celle-ci diminue en somme l'étendue du champ vapeur.

On rencontre fréquemment le diagramme du type (III) dans l'en-

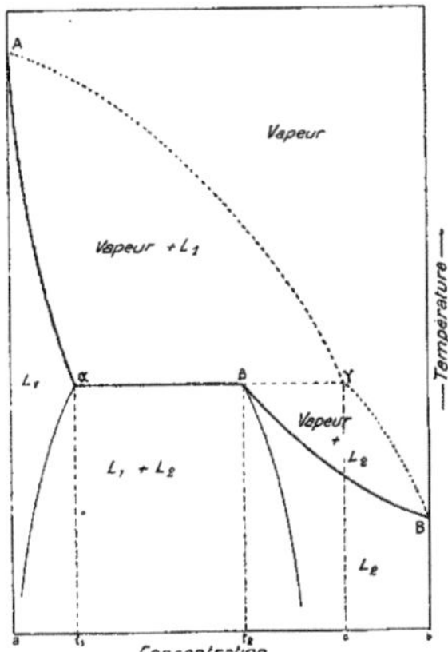

Fig. 4. — Type IV : Point de transition.

traînement à la vapeur de nombreuses substances partiellement miscibles avec l'eau. Il n'est plus possible ici de calculer la composition du distillat à l'aide des formules du paragraphe 2 et des tensions de vapeur des constituants. Il faut s'en tenir à une détermination expérimentale.

Le Tableau II renferme quelques exemples de diagramme du type (III). Les systèmes connus sont très nombreux; nous nous

  JEAN BARBAUDY.

sommes limités à ceux dônt les points d'eutexie sont entièrement
déterminés.

TABLEAU II.

Systèmes du type (III) *à points d'eutexie* (*fig* 3).

| Constituants | | Eutectique γ. | | Solutions conjuguées A, pour 100. | |
A.	B.	A pour 100.	P. E$_{760}$.	l_1.	l_2.
Eau	Al. butylique-n [85]....	37	92,25	93,14	29
»	Al. isobutylique [113]..	33,20	89,82	93,01	25,8
»	Al. isoamylique [114]...	49,6	95,15	97,28	15,7
»	Acétate d'éthyle [70]...	8,47	70,38	93,8	5,6
»	Aniline [101] [99].....	80,1	98,75		

Je ne connais aucun exemple net pratiquement intéressant du
type (IV). Par contre il existe des systèmes chez lesquels on rencontre
à la fois un point de transition et un minimum azéotropique, c'est-à-
dire deux points d'ébullition fixes dans le même diagramme. C'est à
la présence d'un azéotrope eau-éther qu'on doit l'impossibilité de
déshydrater totalement par simple rectification l'éther contenant plus
de 1,2 pour 100 d'eau. A leur point d'ébullition sous la pression
atmosphérique les mélanges d'eau et de phénol sont miscibles en
toutes proportions. Si l'on considère qu'un entraînement se rapporte
toujours à un mélange hétérogène il faut, pour entraîner le phénol
à la vapeur, travailler sous des pressions inférieures à 210^{mm} environ,
au-dessus on n'a plus que des distillations vraies.

TABLEAU III.

Systèmes du type (IV a) (*fig.* 5).

| Constituants | | Azéotrope. | | Point de transition. | | | |
A.	B.	A °/$_0$.	P. E$_{760}$.	P. E$_{749}$.	Vap. A°/$_0$.	L$_g$ A °/$_0$.	L$_l$ A °/$_0$.
Eau	CH³CO²CH³ [67]...	1,08	56,5	57,21	4,32	11,9	70,9
»$_2$	CH³COC²H⁵ [67]..	11,37	73,57	73,6	11,75	14,95	82
»	(C²H⁵)²O [67][108].	1,18	34,15	34,51	1,25	1,4	94,2
»	C⁶H⁵OH [94] (¹)...	94,5	56,3	56,5	92,17	85,5	40

Büchner [14] a fait remarquer qu'en général, lorsque la différence

---

(¹) Les valeurs indiquées sont relatives à une pression d'environ 126^{mm}.

des points d'ébullition est inférieure à 100°, leur isobare appartient

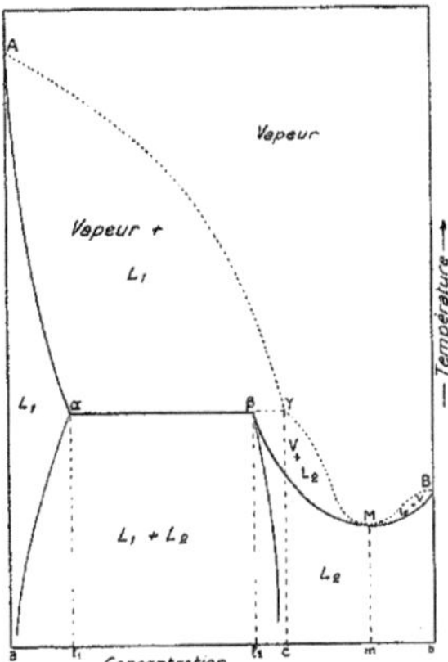

Fig. 5. — Type IVa : Système Eau–Éther éthylique.

au type (III); elle appartient au type (IV) dans les cas contraires
(exceptions : eau-naphtalène, -nitrobenzène, -o-nitrotoluène).

5. Déplacement des points d'ébullition fixes avec la pression. —
La déformation des isobares d'ébullition a été très étudiée par
B. Roozeboom [89] et ses collaborateurs [43] dont les travaux sont
devenus classiques. Aussi nous bornerons-nous à examiner ici les
résultats expérimentaux obtenus sur le déplacement des mélanges à
points d'ébullition fixes avec la pression.

a. Liquides partiellement miscibles. — Scheffer [94] a étudié
jusqu'au point critique le système eau-éther éthylique ainsi que le
déplacement des points d'eutexie des mélanges eau-pentane, -hexane
et -benzène. Quand on élève la température, au voisinage du point
critique, la pression totale est supérieure à la somme des tensions des
constituants purs (*voir* Tableau IV)

$$\pi_A + \pi_B < P$$

Pour les systèmes eau-hydrocarbure la loi de Dalton ne cesse d'être exacte qu'au-dessus de 180°, donc bien loin du point d'eutexie sous la pression atmosphérique. Sa validité est liée à la grandeur de la miscibilité des deux constituants et celle-ci reste assez minime au-dessous de 100° dans les cas envisagés au paragraphe 2 pour que les formules (1) et (2) s'appliquent d'une manière satisfaisante.

TABLEAU IV.

Points triples des systèmes étudiés par Scheffer (¹).

Système.	t°_0	Pression en atmosphères			
		du carbure	de l'eau.	totale observée.	totale calculée.
Benzène — Eau........	150,0	4,7	5,9	10,6	10,6
»	180,0	9,8	10,2	20,1	20,0
»	210,0	18,7₅	16,7	35,9	35,4₅
»	240,0	33,0	5,9₅	60,3₅	48,9₅
»	*267,8*	*52,4*	*37,3₅*	*92,7*	*80,7₅*
Pentane + Eau........	*187,1*	*30,7*	*11,6*	*44,1*	*43,3*
Hexane -n — Eau.....	*222,0*	*25,0*	*29,8*	*52,0*	*48,8*

Nous avons vu qu'au voisinage de la pression atmosphérique la pression eutectique observée pour les systèmes du type (III) reste inférieure à celle qu'on calcule d'après la loi de Dalton. Scheffer a trouvé qu'au voisinage du point critique la pression totale de la vapeur en équilibre avec deux phases liquides est supérieure à la somme des tensions des constituants purs. Cette anomalie vient de ce qu'aux pressions élevées, sous lesquelles opérait cet auteur, les lois des gaz parfaits cessent de s'appliquer même grossièrement à la phase vapeur.

b. Azéotropes. — Comme nous le verrons plus loin l'existence d'un azéotrope dans le système binaire limite la séparation des constituants d'un mélange par distillation sous pression constante. L'étude du déplacement de la composition avec la pression présente donc un intérêt pratique considérable car si l'écart est suffisant on

---

(¹) Les valeurs en italiques sont les constantes critiques du mélange. Nous n'avons pas reproduit les résultats du système eau-éther éthylique parce que l'anomalie ne s'y présente pas et que le point critique de la ligne triple est supérieur au point critique de l'éther.

peut, par un choix judicieux d'un couple de pressions convenables, effectuer une séparation totale malgré la fixité du point d'ébullition de l'azéotrope.

Ce sujet a été traité analytiquement par Kuenen (*loc. cit.*, p. 114) [45] et par van der Waals et Kohnstamm [105]. Pour vérifier leur théorie nous ne disposons malheureusement que d'un nombre très réduit d'observations. Le système eau-alcool éthylique est sans doute le mieux étudié à cet égard. Nous reproduisons plus bas les résultats de Wade et Merrimann [109] (Tableau V) qui montrent clairement la disparition de l'azéotrope eau-alcool sous pression réduite. Ce fait très important avait d'ailleurs été pressenti par R. Pictet [79] et se trouve confirmé par les expériences de Masing [68] et celles de Vresky [107].

TABLEAU V.

Azéotropes, eau-alcool éthylique.

Pression.	Points d'ébullition.			Eau pour 100 dans l'azéotrope.
	Alcool pur.	Azéotrope.	Écart.	
mm	°	°	°	gr
70	27,96	»	»	»
94,9	33,38	33.35	0,03	0,5
129,7	39,24	39,20	0,04	1,3
198,4	47,66	47,63	0,03	2,7
404,6	63,13	63,04	0,09	3,75
760,0	78,30	78,15	0,15	4,4
1075,4	87,34	87,12	0,22	4,65
1451,3	95,58	95,35	0,23	4,75

Citons encore quelques autres systèmes étudiés :

Eau-Alcool propylique-*n* [107], [111],
Alcool méthylique-Benzène [92],
Alcool éthylique-Benzène [114].
Alcool éthylique-Tétrachlorure de carbone [98],
Acétate d'éthyle-Iodure d'éthyle [92], [56],
Toluène-Acide acétique [110], [92],
Acétone-Sulfure de carbone [92], [112],
Acétate d'éthyle-Alcool éthylique [70].

Dans ce dernier cas le déplacement de la composition azéotropique est particulièrement bien connu comme en témoigne le Tableau VI dans lequel les chiffres en italiques se rapportent au point d'intersection des courbes de tensions de vapeur des composants. En ce point l'écart azéotropique δ passe par un maximum.

TABLEAU VI.

Pression.	Point d'ébullition.			Écart δ au P. E. du composant le plus volatil.	Alcool pour 100 d'azéotrope.
	Alcool éthylique.	Acétate d'éthyle.	Azéotrope.		
mm	o	o	o	o	gr
25.........	11,05	0,61	— 1,39	2,00	12,81
50.........	22,20	12,75	— 10,58	2,17	14,49
100.........	34,35	25,22	23,72	2,50	16,97
500.........	68,06	65,07	60,62	4,45	27,17
760.........	78,30	77,15	71,81	5,34	30,98
948.	84,01	84,01	78,13	5,88	33,27
1500.........	96,53	98,15	91,86	4,67	39,07

De ces résultats Merriman croit pouvoir conclure que le pourcentage de l'azéotrope en constituant qui possède la plus petite dérivée dp/dt augmente en raison inverse de la pression. La règle s'applique à tous les cas connus sauf à celui de l'alcool éthylique et de l'eau. Vresky généralise cette loi en l'énonçant de la manière suivante : La concentration du constituant azéotropique qui possède la plus grande chaleur de vaporisation augmente proportionnellement ou en raison inverse de la température suivant qu'il s'agit d'un azéotrope positif ou négatif.

6. **Distillation et condensation.** — Jusqu'ici nous nous sommes exclusivement occupés de la statique du mélange liquide en contact avec sa vapeur. Nous allons maintenant étudier le déplacement de cet équilibre suivant qu'on échauffe ou qu'on refroidit le système et nous montrerons que la trajectoire d'une transformation quelconque peut se déduire du diagramme une fois qu'on a déterminé celui-ci par l'expérience.

La distillation et la condensation ne sont pas des phénomènes réversibles et se distinguent à cet égard de la fusion et de la solidification des alliages. Cela vient de que l'enceinte qui renferme le système n'est pas à température *uniforme*. Elle comprend une paroi chaude, l'alambic et une paroi froide, le réfrigérant avec le récipient où l'on recueille le distillat. Pendant la distillation il y a transport de matière de la paroi chaude à la paroi froide; à chaque instant on suppose le résidu liquide en équilibre avec la vapeur qu'il émet. Le distillat, au contraire, formé par toutes les bulles de vapeur émises jusque-là et immédiatement soustraites au contact du résidu n'est pas en équilibre avec la dernière bulle de vapeur.

Étant donnée une masse m_0 d'un liquide binaire de composition x_0 il s'agit de calculer sa masse m_n, sa composition x_n, son point d'ébullition T_n à un instant t_n ainsi que la composition z_n de son distillat.

La loi de la conservation de la masse donne les formules

$$(1) \quad \begin{cases} m_i - dm_i = m_{i-1}, \\[2mm] \dfrac{dm_{i-1}}{m_{i-1}} = \dfrac{x_{i-1} - x_i}{y_i - x_i}, \\[2mm] m_n = m_0 - \displaystyle\sum_{i=0}^{i=n} dm_i \end{cases}$$

dans lesquelles y_i est la composition, dm_i la masse élémentaire de vapeur émise à l'instant t_i par le résidu liquide m_{i-1} de composition x_{i-1}. Après l'opération la composition du résidu devient x_i et sa masse, m_i.

D'après la définition même du distillat on a

$$(2) \quad z_n = \frac{\displaystyle\sum_{i=0}^{i=n} y_i\, dm_i}{\displaystyle\sum_{i=0}^{i=n} dm_i} \cdot$$

Ainsi la composition du distillat est au centre de gravité des compositions des vapeurs élémentaires. On a constamment les inégalités

$$x_0 < z_n < y_0,$$

de sorte que la composition du distillat est représentée par une courbe analogue à VD (*fig.* 6). Quand on connaît le diagramme de distillation d'un système on peut calculer la courbe de distillation de tout mélange liquide par les formules (1) et (2).

Inversement quand on refroidit une masse m de vapeur D ayant la

composition y_0 elle donne une rosée L de composition x_0. On sous-
trait immédiatement la goutte liquide formée du contact du résidu
liquide et on l'ajoute au condensat antérieur. Le point figuratif de la
composition du condensat décrit la courbe LC qu'on peut calculer et
construire à l'aide d'un système d'équations analogue à 1 et 2.

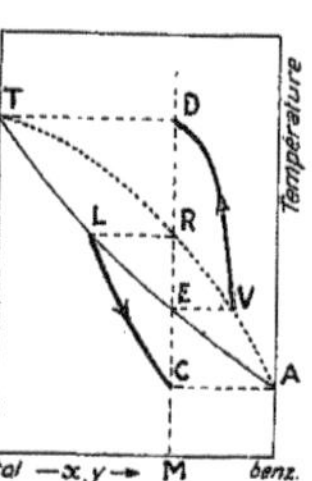

Fig. 6. — Distillation et Condensation.

*La distillation et la condensation sont donc deux phénomènes
symétriques, mais irréversibles.* A chaque mélange est affectée une
courbe particulière; par conséquent tout système possède un faisceau
de *courbes de distillation* et un faisceau de *courbes de condensation.* L'intérêt de ces courbes est considérable pour effectuer la séparation pratique des constituants des mélanges par rectification.

Calcul graphique des courbes de distillation. — Ce calcul est l'un des
premiers qu'on ait à faire dans la mise au point d'un appareil de distillation.
La construction graphique de ces courbes, comme toutes celles auxquelles
donne lieu l'étude des déplacements des équilibres chimiques, se fait d'après
la règle du centre de gravité dont j'ai donné une démonstration dans ma
Thèse (*loc. cit.* [4] p. 34) :

1° *Quand un complexe est divisé en deux phases ou groupes de phases
les points figuratifs du complexe et des deux phases ou groupes de
phases sont en ligne droite;*

2° *Le rapport des masses des deux phases ou groupes de phases est égal
à l'inverse du rapport des distances du point figuratif du système aux
points figuratifs des deux phases ou groupes de phases.*

On détermine d'abord la courbe donnant la masse $\sum_{=0}^{i=n} dm_i$ du distillat en fonction du point d'ébullition T_n du résidu liquide L_n. Dans la figure 7 on a

$$\frac{dm_{i+1}}{m_{i+1}} = \frac{x_i - x_{i+1}}{y_i - x_{i+1}} = \frac{L_i - L_{i+1}}{V_i - L_{i+1}} = \frac{CE}{CB}.$$

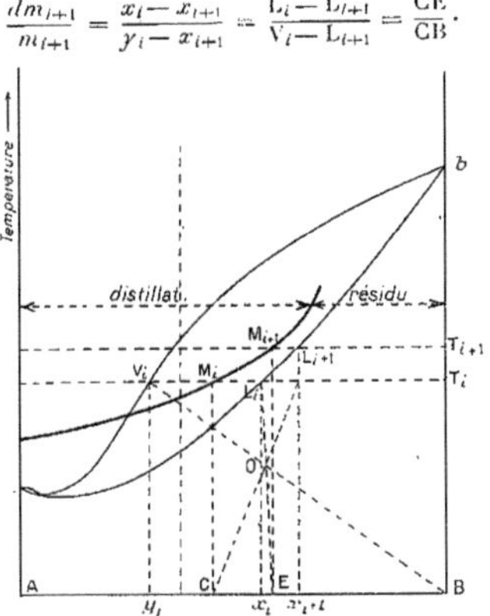

Fig. 7. — Masse du distillat.

Si nous partons de $m_0 = 100^g$ de liquide, 1 unité de la base AB vaut 1^g, et par conséquent CE est exprimé en grammes. L'intégration est immédiate, on a

$$\text{masse totale du distillat} = AE = \sum_{i=0}^{i=n} dm_i.$$

Il suffit de relever le point E jusqu'à son intersection avec l'ordonnée T_{i+1}, pour avoir le point cherché M_{i+1} de la courbe donnant la masse du distillat.

Déterminons maintenant la composition du distillat. Dans la figure 8 on a

$$\frac{LD}{LC} = \frac{\text{masse du système}}{\text{masse du distillat}} = \frac{100}{\Sigma\,dm} = \frac{AB}{AE},$$

M_{i+1} étant projeté en E sur la base, on a $AE = \sum_{i=0}^{i=n+1} dm_i$, on joint A à L_i, C à E et par leur intersection O on mène la droite BO qui coupe en D_{i+1} l'ordonnée T_{i+1}. C'est le point cherché qui représente la composition du distillat d'après la construction même.

Pour déterminer la masse du distillat on peut aussi partir de la relation

$$\frac{dm_{i+1}}{m_{i+1}} = \frac{x_i - x_{i+1}}{y_i - x_{i+1}} = \frac{dx}{y_i - x_{i+1}},$$

qui donne par intégration

$$\mathrm{L}_n \frac{m_n}{m_0} = \int_{i=0}^{i=n} \frac{dx}{y_i - x_{i+1}}.$$

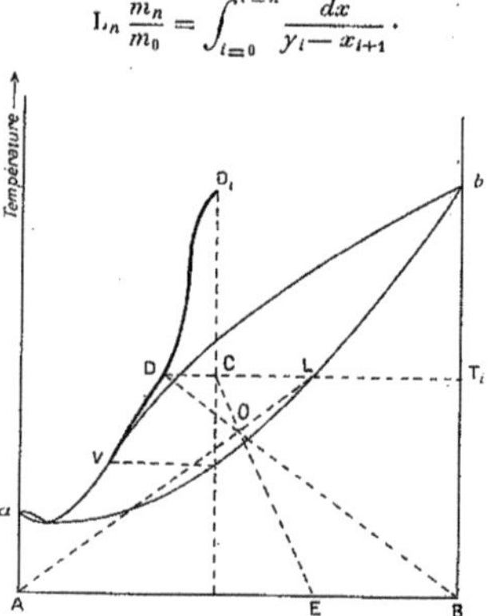

Fig. 8 — Courbe de distillation.

On construira la courbe auxiliaire $\dfrac{1}{y_i - x_{i+1}} = f(x)$ qui s'intègre graphiquement sans difficulté.

7. Distillation et condensation fractionnées.

— La distillation fractionnée est l'opération qui consiste à séparer les constituants d'un mélange en profitant de ce que le constituant le plus volatil se concentre dans la vapeur et le constituant le moins volatil dans le résidu liquide. Si, au lieu de recueillir la totalité du distillat dans un même récipient, revenant par là au mélange liquide d'où nous sommes parti, nous en recueillons les *fractions* successives dans une série de flacons nous aurons :

1° Des fractions de tête. plus riches en constituant volatil que le mélange à traiter;

2° Des fractions moyennes, aussi riches en constituant volatil que le mélange à traiter;

3° Des fractions de queue, moins riches en constituant volatil que le mélange à traiter.

C'est ce que montre un simple examen de la figure 9. Le mélange initial M_1 émet à son point d'ébullition T_1 une vapeur V_1 qui, après condensation dans le réfrigérant, est recueillie dans un flacon collecteur. Pendant le cours de l'opération le distillat décrit la courbe de distillation $V_1 D_1 D$. Le point d'ébullition du résidu s'élevant, lorsqu'il atteint la température T_2 nous changeons le flacon collecteur.

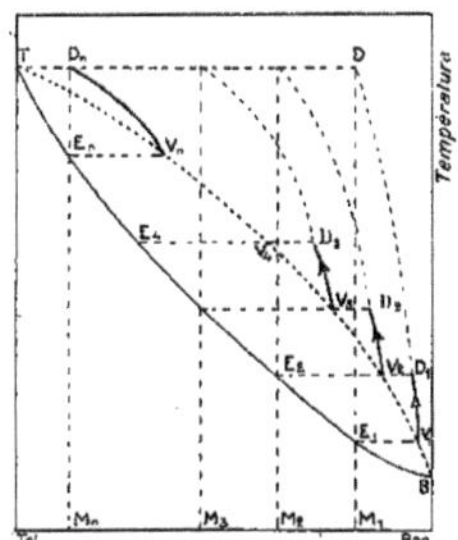

Fig. 9. — Distillation fractionnée.

A ce moment le point figuratif D_1 du distillat quitte la courbe de distillation $V_1 D_1 D$ relative au mélange initial M_1 pour sauter en V_2. Le point figuratif du distillat de la deuxième fraction décrit alors la courbe $V_2 D_2$ segment de la courbe de distillation relative au mélange M_2 (résidu de M_1 à la température T_2). A la température T_3 nous changeons à nouveau de flacon, etc. La courbe en escalier $V_1 D_1$, $V_2 D_2$, ... $V_n D_n$ est la *courbe de fractionnement;* $D_1 D_2$, ..., D_n sont les points figuratifs des fractions.

Nous pouvons ainsi étaler notre liquide entre son point d'ébullition et celui du composant le moins volatil. Comme le distillat de tête est plus riche en constituant le plus volatil que le mélange M_0, la première fraction bout à une température inférieure à T_0. Elle fournira par distillation fractionnée une nouvelle fraction initiale encore plus riche que D_0 en constituant le plus volatil.

Ainsi, en répétant le processus, nous arriverons à isoler en partie les deux constituants du mélange. Au bout d'une série infinie de distillations la séparation devient quantitative. puisque à chaque opération la masse des fractions moyennes diminue au profit de celle des fractions extrêmes.

Tout ce que nous venons de dire s'applique intégralement à la condensation fractionnée. C'est l'opération qui consiste à recueillir en plusieurs fractions les gouttes de rosée d'une vapeur en train de se condenser. Nous aurons une courbe de fractionnement en escalier s'appuyant par en dessous sur la ligne d'ébullition. La méthode permet la séparation des deux constituants comme la distillation.

8. Les azéotropes. Mélanges inséparables. — Jusqu'ici nous n'avons raisonné que sur des systèmes de liquides totalement miscibles ne présentant ni maximum ni minimum de point d'ébullition. La présence d'un azéotrope ou d'un eutectique modifie complètement la forme des faisceaux des courbes de distillation ou de condensation et introduit des limites infranchissables à la séparation des constituants.

a. Point d'ébullition maximum. — Considérons le système acétone-chloroforme (*fig.* 10). Un mélange M_1 moins riche en chloro-

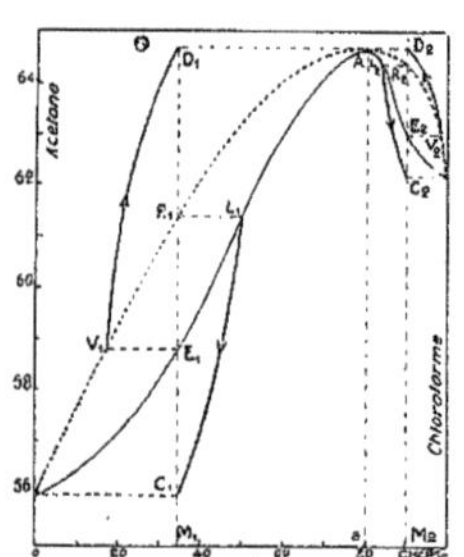

Fig. 10. — Système Acétone-Chloroforme.

forme que l'azéotrope A admet une courbe de distillation $V_1 D_1$ qui se termine au point d'ébullition de l'azéotrope A et une courbe de condensation $L_1 C_1$ qui se termine au point de rosée de l'acétone. Un mélange M_2, moins riche en acétone que l'azéotrope, admet une courbe de distillation $V_2 D_2$ qui se termine au point d'ébullition de l'azéotrope A et une courbe de condensation $L_2 C_2$ qui se termine au point d'ébullition du chloroforme.

La température finale de la distillation est toujours la même et coïncide avec le point d'ébullition de l'azéotrope ; pour cette raison le point A est un point de distillation stable. Au contraire, suivant le sens où l'on s'en écarte, même fort peu, la température finale de la condensation est très différente. Pour des mélanges analogues à M_1, c'est le point d'ébullition de l'acétone ; pour les mélanges M_2 moins riches que A en acétone, c'est le point d'ébullition du chloroforme. Pour cette raison le point A est un point de condensation instable. Lorsqu'on s'en éloigne infiniment peu, l'équilibre loin de se rétablir par condensation s'en écarte davantage dans le sens acétone ou chloroforme.

b. Point d'ébullition minimum. — La figure 11 se rapporte aux

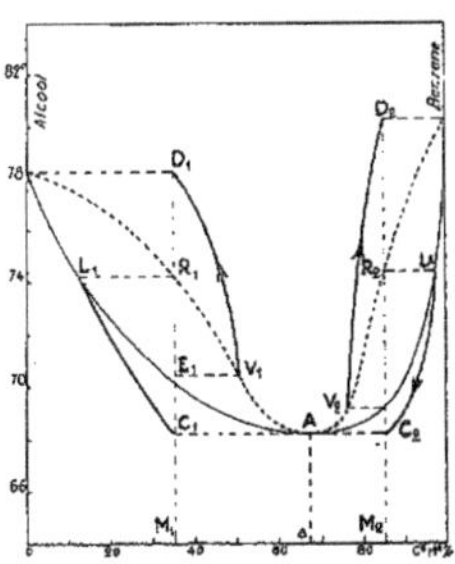

Fig. 11. — Système Alcool éthylique-Benzène.

mélanges de benzène et d'alcool éthylique, elle s'explique d'elle-même. La température de condensation finale coïncide toujours avec le point d'ébullition de l'azéotrope A qui, à cause de cela, est un point de condensation stable. Au contraire, suivant la composition du mélange M_2 par rapport à l'azéotrope, la distillation a pour température finale soit le point d'ébullition du benzène, soit celui de l'alcool. Par conséquent le point A est un point de distillation instable.

Dans tous les cas le point d'ébullition de l'azéotrope est une température limite, sa composition une composition limite (*voir* les restrictions au paragraphe 5). Tout se passe comme si deux isobares de mélanges non-azéotropes se trouvaient accolées. Ainsi la distillation ou la condensation des mélanges binaires à azéotropes sont équivalentes à deux espèces de distillations ou de condensations normales.

Sans qu'il soit nécessaire d'insister davantage les systèmes de liquides partiellement miscibles à point d'eutexie (types I et III) se comportent comme les liquides miscibles en toutes proportions à azéotrope positif. La composition eutectique est donc elle aussi une composition limite (abstraction faite de la démixtion).

Si l'on cherche à séparer par distillation ou condensation fractionnée à une seule pression (cf. § 5) les constituants d'un système binaire à azéotrope, il est impossible d'y arriver. Suivant que le mélange à traiter est plus riche ou moins riche en constituant A que l'azéotrope, on isole le constituant A ou le constituant B et toujours le mélange azéotropique. Cela est évident d'après les courbes de distillation et de condensation des figures 10 et 11, *la concentration azéotropique se présente sous chaque pression comme une limite infranchissable.*

CHAPITRE II.

SYSTÈMES TERNAIRES.

La présence d'un troisième constituant introduit de grosses complications dans les équilibres, difficultés qui furent en majeure partie élucidées par le physicien hollandais F. A. H. Schreinemakers.

9. L'œuvre de Schreinemakers. — La représentation de ces systèmes se fait à l'aide du diagramme triangulaire de Willard Gibbs, le triangle équilatéral servant comme d'habitude de plan des concentrations x, y, z, et les différentes isothermes se projetant comme les lignes de niveau à l'intérieur du triangle des concentrations. D'après les travaux théoriques et expérimentaux de Schreinemakers [95, 96, 97, 98], les courbes de rosée et d'ébullition des systèmes binaires sont remplacées ici par les surfaces correspondantes. La *nappe de rosée* recouvre entièrement la *nappe d'ébullition* qu'elle ne touche qu'aux points figuratifs des constituants purs et des mélanges à point d'ébullition fixe. Mais la connaissance de ces deux surfaces ainsi que de leur correspondance point par point ne suffit pas à rendre compte des déplacements d'équilibre. Lorsqu'on vaporise un liquide ternaire sa composition varie, son point figuratif se déplace en décrivant une *courbe de vaporisation* située sur la nappe d'ébullition. Par chaque point de la surface passe l'une de ces courbes et une seule; il en existe donc une infinité. De même le point figuratif d'une vapeur ternaire décrit pendant son refroidissement une *courbe de liquéfaction* sur la surface de rosée. Schreinemakers montra en outre que chaque courbe de vaporisation sur la surface d'ébullition est la conjuguée d'une courbe de liquéfaction sur la surface de rosée; de sorte que l'ensemble d'une courbe de liquéfaction et de sa conjuguée est équivalent, pour un système ternaire, au diagramme de distillation d'un système binaire.

Enfin pour comprendre le mécanisme du fractionnement, il y a lieu de considérer les *courbes de distillation* qui donnent la composition du distillat à chaque stade de la distillation d'un mélange. A chacun d'eux, c'est-à-dire à chaque point d'une courbe de vaporisation est attachée une courbe de distillation située tout entière au-dessus de la nappe de rosée et, par conséquent, hors des surfaces d'équilibre. Il y a une double infinité de courbes de distillation. De même il existe une double infinité de *courbes de condensation* qui donnent la composition du condensat partiel à chaque stade de la liquéfaction d'une vapeur.

Pour étudier complètement un système ternaire il faut donc déterminer :

1° Les lignes d'équilibre :

    a. Isothermes d'ébullition;
    b. Isothermes de rosée;
    c. Correspondance point par point.

2° Les lignes de déplacement d'équilibre :

    d. Courbes de vaporisation;
    e. Courbes de liquéfaction.

3° Construire ou calculer les courbes nécessaires à l'étude du fractionnement :

    f. Courbes de distillation;
    g. Courbes de condensation.

S'il est relativement aisé de déterminer les points d'ébullition des mélanges, la construction des isothermes de rosée exige déjà des mesures plus pénibles; quant à l'établissement de la correspondance

point par point entre les deux réseaux, elle n'offre qu'une précision
très grossière. Les autres courbes sont encore de détermination plus
délicate dans l'état actuel de la technique expérimentale, de sorte que
longtemps encore il faudra perfectionner sans relâche nos méthodes
de mesures si nous ne voulons pas nous contenter d'une connaissance
grossière de ces phénomènes (¹).

10. Classification des systèmes ternaires. — Ces considérations
s'expliqueront mieux par la description des principaux types de diagrammes, que nous classerons suivant le nombre de *champs de distillation*. Nous verrons en effet que les mélanges ne se fractionnent
pas toujours suivant l'ordre de volatilité de leurs constituants, et ce
point de vue d'isolement par distillation est en somme celui qui intéresse le plus le chimiste comme l'industriel. Nous utiliserons comme
mode de représentation le diagramme triangulaire imaginé par Willard Gibbs.

Type I. — *Le système ne possède aucun mélange singulier*

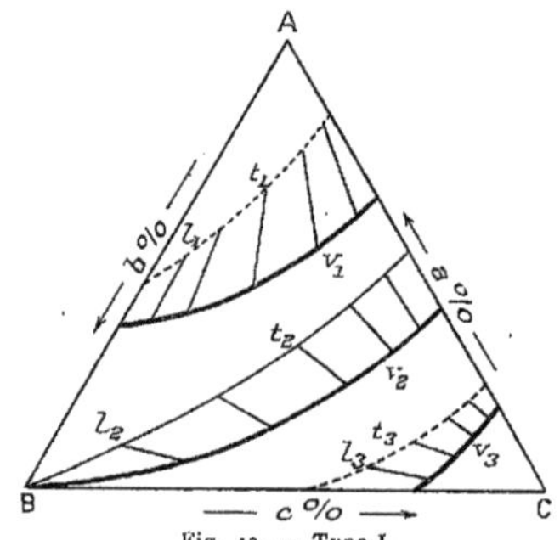

Fig. 12. — Type I.

(*azéotrope, eutectique, de transition*). — Les constituants passent
alors dans l'ordre de volatilité décroissante quelle que soit la

---

(¹) Sur la construction graphique des courbes de vaporisation et de liquéfaction
à partir des lignes d'équilibre, sur le déplacement des points de transition ou d'eutexie des systèmes binaires par addition d'un troisième constituant, on consultera
les Mémoires de Schreinemakers ainsi que ma Thèse.

composition du mélange qu'on peut toujours résoudre en ses éléments.

Soit $A < B < C$ l'ordre des points d'ébullition d'un mélange. La figure 12 représente trois isothermes de distillation de ces systèmes. Les lignes en pointillé sont les courbes de rosée, les lignes en traits pleins les courbes d'ébullition, les petits traits limités aux courbes donnent la correspondance liquide vapeur.

Mais occupons-nous de ce qui se passe à la distillation d'un mélange. Le point figuratif du résidu liquide de celui-ci décrit une courbe de vaporisation de la surface d'ébullition (*fig.* 13). L'origine

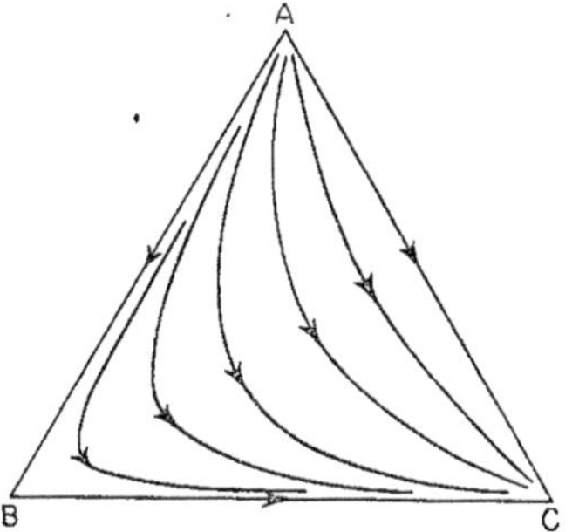

Fig. 13. — Type I : Un seul champ de distillation.

de tout le faisceau est le sommet A, son extrémité le sommet C. L'une quelconque d'entre elles est tangente à une série de droites de conjugaison (par exemple, en V_1, V_2, V_3 de la figure 12); c'est le lieu de ces points de contact.

Toutes les courbes ont même allure, mêmes propriétés; elles font donc partie du même champ de distillation. Les lignes conjuguées de liquéfaction ont une forme analogue (et la direction inverse) bien que deux courbes conjuguées ne soient pas superposables. Les champs de distillation et de condensation sont donc confondus. A la rectification le mélange pourra se résoudre en ses constituants qui passeront suivant leur ordre de volatilité.

Ce type se présente chaque fois que les composants du système sont des combinaisons chimiquement analogues. Tel est, par exemple, le cas si important de la distillation des hydrocarbures, huiles de pétrole et benzols (*voir* Rosanoff, Schulze et Dunphy [91], Schreinemakers [98]).

Type II. — *Systèmes à deux champs de distillation.* — Pour réaliser ce genre de diagrammes, il faut que les constituants du système pris deux à deux forment un ou deux mélanges singuliers. Ce type de diagramme n'est pas unique, il en existe de plusieurs genres.

Soit par exemple le système acétone-eau-phénol examiné par Schreinemakers [96]. Le phénol et l'eau forment un azéotrope m qui renferme environ 9 pour 100 de phénol (*fig.* 14 et 15) sous la pres-

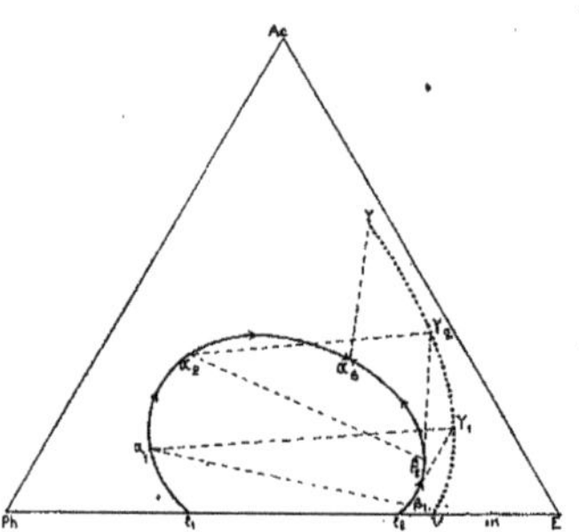

Fig. 14. — Type II : Acétone-Eau-Phénol.

sion atmosphérique. Toutes les courbes de vaporisation partent du sommet acétone pour aboutir soit au sommet eau, soit au sommet phénol, suivant que le mélange appartient au champ 1 ou au champ 2 de distillation. Les deux régions se trouvent séparées par la courbe $A_c m$ infranchissable par distillation, c'est-à-dire qu'un mélange 1 ne donnera jamais du phénol par distillation, ni un mélange 2 un résidu d'eau.

L'ordre des fractions sera

Champ 1 : Acétone, azéotrope m, eau ;
Champ 2 : Acétone, azéotrope m, phénol.

Les lignes de liquéfaction divisent, elles aussi, la surface de rosée en deux champs de condensation limités par une courbe infranchissable $A_c m$. Pendant la condensation le sens du déplacement de l'équilibre — des flèches — est inverse de celui de la distillation.

Ainsi à la distillation comme à la condensation les mélanges se divisent en deux groupes. Pour qu'il en soit de même à la rectification il faudrait que les projections des courbes infranchissables des surfaces de rosée et d'ébullition se recouvrent sur le plan des concentrations. Un mélange quelconque de composition située sur la courbe $A_c m$ se comporterait toujours comme un système binaire formé d'acétone et d'azéotrope eau-phénol aussi bien à la distillation qu'à la rectification. L'état actuel de nos connaissances sur ce sujet ne permet pas de trancher la question.

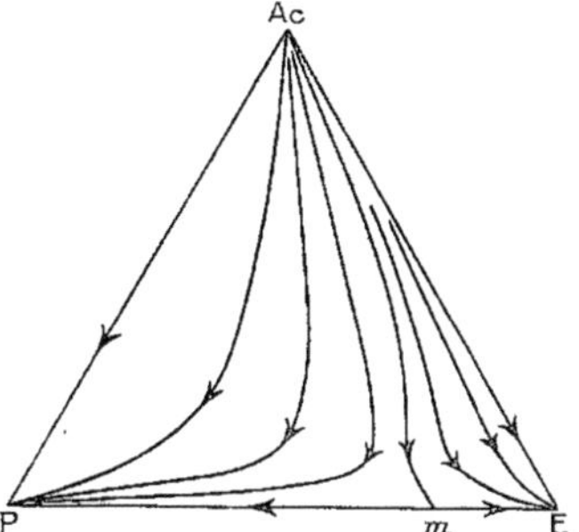

Fig. 15. — Deux champs de distillation.

Le système *acétone-alcool méthylique-eau* a un diagramme tout à fait semblable.

A basse pression un champ hétérogène apparaît dans le diagramme *acétone-eau-phénol* à l'intérieur de la courbe en trait plein mais sans modifier la forme et le groupement des courbes de vaporisation (*fig.* 14). Toutefois à la courbe de trouble correspond sur la surface de rosée une ligne singulière γV, lieu des points représentatifs des vapeurs de transition en équilibre avec deux phases liquides, cette courbe n'est pas infranchissable.

Les systèmes obtenus en additionnant d'un alcool supérieur A les mélanges d'alcool éthylique et d'eau fournissent une autre série de

diagrammes du type (II·) (*fig.* 16). Les deux champs de distillation
se trouvent séparés par la courbe infranchissable aE qui joint l'azéotrope a eau-éthanol à l'azéotrope ou à l'eutectique E eau-alcool

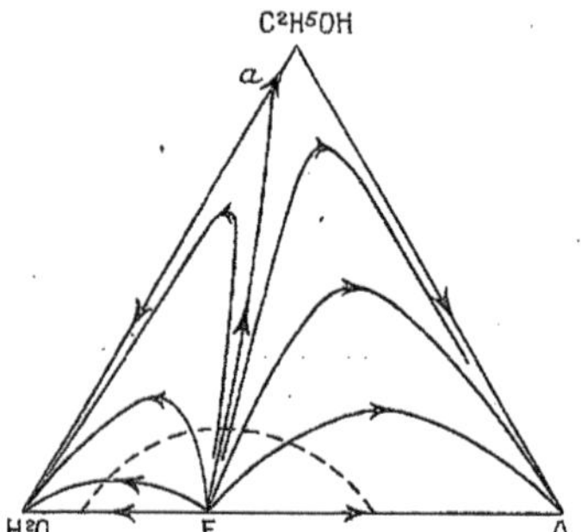

Fig. 16. — Deux champs de distillation.

supérieur. Ces systèmes présentent un intérêt particulier parce qu'ils
permettent d'expliquer le mécanisme de la purification de l'alcool tel

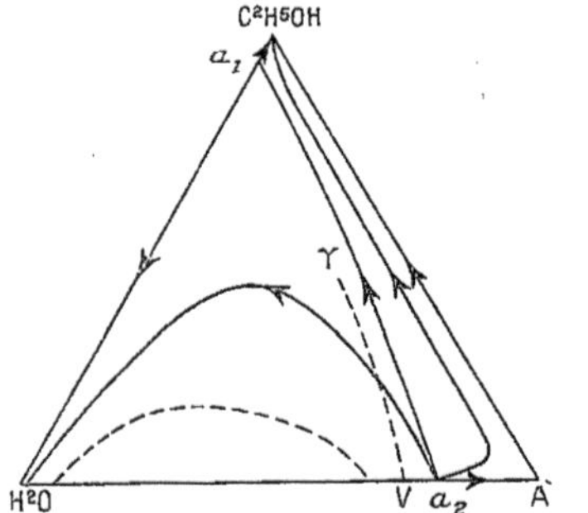

Fig. 17. — Deux champs de distillation. Eau-Acétate de méthyle.
Alcool éthylique.

qu'il est réalisé dans la distillation industrielle des moûts fermentés.
Quand le poids moléculaire de l'alcool supérieur s'élève le point E se

rapproche du sommet eau ; en même temps un champ hétérogène apparaît dont l'étendue va en croissant avec le P. M. La ligne d'eutexie fait toujours partie de la courbe infranchissable αE.

Les systèmes *eau-acétate de méthyle-alcool éthylique* [Wade et Finnemore, 108] et *eau-éther-alcool éthylique* [108] [Desmaroux, 20] appartiennent aussi à ce type avec la complication supplémentaire d'un champ hétérogène et d'une ligne de transition sur la surface de rosée (*fig.* 17).

L'entraînement à la vapeur des mélanges d'hydrocarbures nous

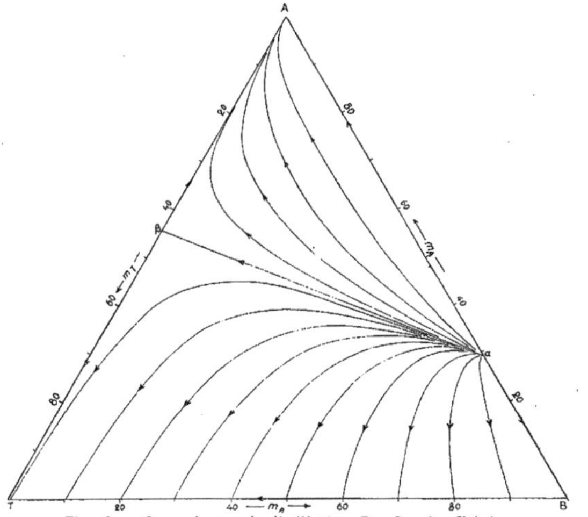

Fig. 18. — Deux champs de distillation. Eau-Benzène-Toluène.

fournit une importante série de systèmes du type (II). Par exemple pour les mélanges *eau-benzène-toluène* (*fig.* 18), la ligne $\alpha\beta$ joignant les points d'eutexie des systèmes binaires eau-carbures sépare les deux champs de distillation de l'eau et du toluène. Cette courbe est le lieu des points figuratifs des vapeurs en équilibre avec deux phases liquides. Comme je l'ai montré dans ma Thèse [4, p. 39],

32   JEAN BARBAUDY.

ce genre de diagrammes est entièrement calculable à partir des courbes de tension de vapeur des constituants.

Type III. — *Systèmes à trois champs de distillation*. — Les mélanges d'alcool éthylique, de benzène et d'eau fournissent un exemple de ce type, qui fut bien étudié par S. Young [114], puis par l'auteur (*loc. cit.*, p. 94) [3, 4, 6, 7, 9]. L'eau et le benzène fournissent avec l'alcool des mélanges troubles dont les points figuratifs sont à l'inté-

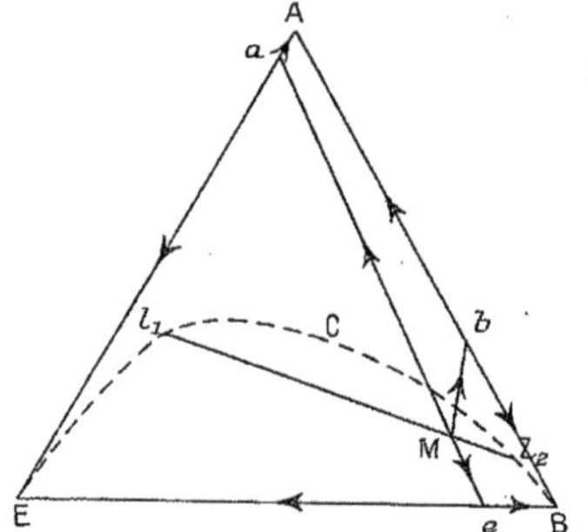

Fig. 19. — Trois champs de distillation. Alcool-Benzène-Eau.

rieur de la courbe BCE (*fig*. 19). Il existe deux azéotropes a alcool-eau, b alcool-benzène, et un eutectique eau-benzène e; de plus, les mélanges ternaires hétérogènes dont les points figuratifs sont situés sur la droite $l_1 l_2$ émettent tous la même vapeur M dont le point de rosée est le minimum de température de tout le diagramme. Le mélange trouble M est une sorte d'eutectique et non un azéotrope parce qu'il se divise en deux couches liquides l_1 et l_2.

Les lignes infranchissables Ma, Mb, Me joignant les points singuliers au minimum divisent le diagramme en trois champs de distillation :

Champ 1 : Le mélange donne par distillation un résidu d'alcool;
Champ 2 : Le mélange donne par distillation un résidu de benzène;
Champ 3 : Le mélange donne par distillation un résidu d'eau.

M est le premier mélange ternaire à point d'ébullition fixe que nous rencontrons. Or sur 86 mélanges ternaires à minimum de point d'ébullition classés par S. Young, 63 sont formés en ajoutant un alcool à un mélange d'eau et de carbure (ou d'acétate d'éthyle), 4 d'entre eux sont obtenus en ajoutant au système des deux constituants partiellement miscibles entre eux $CH^3OH + CS^2$ un troisième composant soluble dans les deux premiers. Il faut encore ajouter à cette liste les 10 mélanges formés d'eau, d'alcool et d'un éther-sel de l'alcool, récemment étudiés par M. Hannotte [35]. Donc sur 96 mélanges il en est 77 qui appartiennent au type du mélange M d'alcool éthylique. de benzène et d'eau et qui, comme tels, doivent fournir un distillat hétérogène par vaporisation.

Parmi les 19 autres on en remarque deux formés d'au moins deux couples de liquides partiellement miscibles (systèmes eau-méthyléthylcétone-tétrachlorure de carbone; eau-diéthylcétone-nitrométhane) et les 17 mélanges restants sont fréquemment constitués par des couples de substances si éloignées dans la suite de Rothmund (alcool ou éther-sel d'une part, carbure de l'autre) que la miscibilité partielle, l'existence d'un champ hétérogène et d'une ligne d'eutexie sont très probables.

De sorte qu'on peut se demander si l'on a jamais réellement observé un seul exemple d'azéotropisme ternaire vrai au sens où nous l'avons défini plus haut. Je veux dire, si l'on connaît un mélange de trois constituants formant une phase liquide unique qui distille tout entière à la même température? Dans tous les cas il y aurait lieu de ne pas rapporter de déterminations de point d'ébullition fixe de systèmes ternaires, sans indiquer en même temps si le distillat est homogène ou hétérogène à son point de rosée.

Les complexes hétérogènes ternaires à minimum de point d'ébullition du type alcool éthylique-benzène-eau doivent prendre naissance par la superposition des deux phénomènes élémentaires d'eutexie et d'azéotropisme. A cause de cela nous pensons qu'on les range à tort dans la classe des azéotropes vrais du type alcool éthylique-benzène. Sans proposer une nouvelle dénomination, nous croyons qu'il y a lieu de distinguer ces deux espèces de points singuliers dans les diagrammes.

Remarquons, en terminant, qu'on ne connaît pas de mélange ternaire à maximum de point d'ébullition.

11. **Systèmes de degré supérieur.** — A ma connaissance aucun

diagramme quaternaire de distillation n'a été étudié d'une manière expérimentale et complète. Mais les résultats théoriques obtenus par Schreinemakers pour les systèmes ternaires sont immédiatement généralisables et nous permettent de prévoir les propriétés de l'équilibre entre le liquide et la vapeur dans le cas d'un système à n constituants.

1° *Systèmes à un seul volume de distillation.* — Supposons d'abord les constituants miscibles en toutes proportions et ne formant d'azéotrope ni binaire, ni ternaire. Dans ces conditions il est peu probable qu'ils puissent former un azéotrope n aire et les constituants distilleront tous suivant l'ordre de volatilité décroissante. Toutes les lignes de vaporisation partiront du constituant le plus volatil pour aboutir au constituant le moins volatil. Il n'y aura qu'un seul volume de distillation et un seul volume de condensation, les constituants du système seront totalement séparables par rectification. Ce cas extrêmement important se présente dans la distillation de l'air liquide (O^2, N^2, He, Ar, Ne, Kr, Xe), des pétroles (mélanges d'hydrocarbures), des benzols (mélanges de carbures aromatiques), des alcools gras inférieurs, etc.

Dans le cas des systèmes quaternaires nous pouvons donner une représentation géométrique. Il suffit de leur appliquer les méthodes employées pour l'étude des alliages ou de la volatilité des sels. Nous utiliserons un tétraèdre régulier, sur les côtés duquel nous porterons les pourcentages moléculaires des constituants dans l'ordre de volatilité (points d'ébullition croissants) en $A < B < C < D$. Les flèches (*fig.* 20) indiquent la direction des lignes de vaporisation, le contour en trait plein est le chemin de rectification relatif à une colonne idéale. Les lignes de vaporisation partent toutes de A pour aboutir en D. La portion de l'espace situé à l'intérieur du tétraèdre forme le volume de distillation.

Nous pouvons avoir une idée de la forme des isothermes d'ébullition et de rosée en généralisant la théorie de Dolezalek.

Soient :

A, B, C, D, ... les constituants purs;
π_a, π_b, π_c, π_d, ... leurs tensions de vapeurs;
M_a, M_b, M_c, M_d ... leurs pourcentages moléculaires dans le liquide;
m_a, m_b, m_c, m_d leurs pourcentages moléculaires dans la vapeur;
P la pression totale d'équilibre.

On a

$$(1) \qquad \begin{cases} M_a + M_b + M_c + M_d + \ldots = 100, \\ m_a + m_b + m_c + m_d + \ldots = 100. \end{cases}$$

La loi de Dalton donne

$$(2) \qquad P = \frac{M_a \pi_a + M_b \pi_b + M_c \pi_c + M_d \pi_d + \ldots}{100},$$

$$(3) \qquad \frac{m_a}{M_a \pi_a} = \frac{m_b}{M_b \pi_b} = \frac{m_c}{M_c \pi_c} = \frac{m_d}{M_d \pi_d} = \ldots = \frac{1}{P}.$$

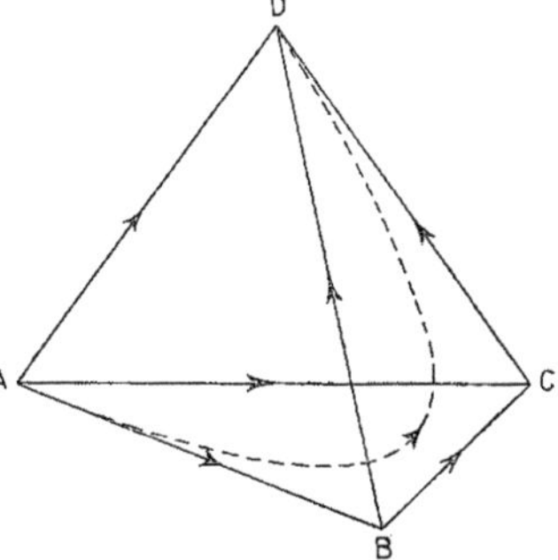

Fig. 20. — Un volume de distillation

À température constante, P, π_a, π_b, π_c, π_d, … sont des constantes. On aura donc l'équation des isothermes d'ébullition en éliminant M_d entre la première équation (1) et l'équation (2) :

$$(4) \qquad P - \pi_d = \frac{M_a(\pi_a - \pi_d) + M_b(\pi_b - \pi_d) + M_c(\pi_c - \pi_d)}{100}.$$

Quant à l'équation des isothermes de rosée nous l'obtiendrons en éliminant les variables M_a, M_b. … et m_d entre les équations (1) et (3). Il vient

$$(5) \qquad m_a\left(\frac{1}{\pi_a} - \frac{1}{\pi_d}\right) + m_b\left(\frac{1}{\pi_b} - \frac{1}{\pi_d}\right) + m_c\left(\frac{1}{\pi_c} - \frac{1}{\pi_d}\right) = 100\left(\frac{1}{P} - \frac{1}{\pi_d}\right).$$

Les isothermes d'ébullition et de rosée sont donc des plans entre les

points desquels les équations (3) établissent une correspondance
point par point (lignes de conjugaison).

Les lignes de vaporisation passent par les pieds des droites de conjugaison sur les isothermes d'ébullition. De chaque point d'une ligne
de vaporisation part une ligne de distillation. Ce sont ces dernières
que l'on décrit quand on détermine les courbes de distillation des
pétroles. Chacune de celles-ci caractérise un mélange à condition de
conduire l'opération de manière que le résidu liquide soit toujours
en équilibre avec la vapeur qu'il émet et qui ne doit pas subir de
condensation partielle. D'où les conditions expérimentales rigoureuses
exigées pour les examens au laboratoire.

Cette théorie approchée pourra rendre des services aux industries
indiquées plus haut où une détermination expérimentale des équilibres serait fastidieuse et d'une précision illusoire. Gay [29] a appliqué
la méthode à l'étude de la rectification des mélanges d'alcools gras.

2° Systèmes à deux volumes de distillation. — Examinons le cas
de l'entraînement à la vapeur des mélanges de benzène, de toluène et
de xylène représenté par le diagramme EBTX de la figure 21. Les

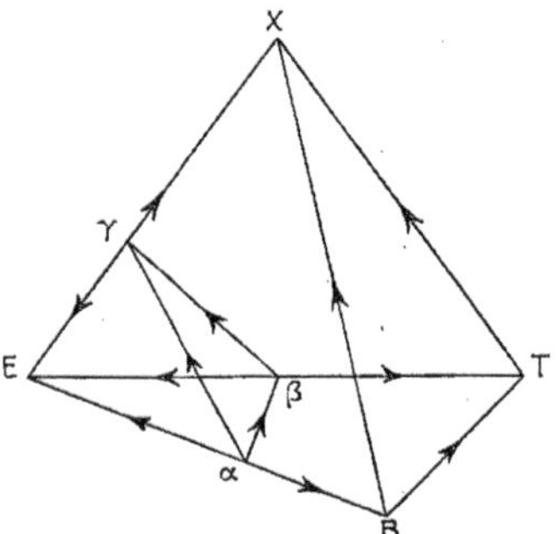

Fig. 21. — Deux volumes de distillation Eau-Benzène-Toluène-Xylène.

volumes de distillation seront séparés par le plan d'eutexie $\alpha\beta\gamma$ qui
représente les compositions des vapeurs en équilibre avec deux phases
liquides, une phase eau et une phase carbure. Pour avoir les iso-

thermes d'ébullition et de rosée il suffit de généraliser les résultats de ma thèse.

Les isothermes d'ébullition sont des nappes coniques ayant pour sommet le point E autour duquel pivotent les génératrices qui s'appuient sur les directrices formées par les courbes d'ébullition du système benzène-toluène-xylène.

Dans le volume de distillation de l'eau $E x \beta \gamma$, les isothermes de rosée sont des plans parallèles au plan benzène-toluène-xylène. Toutes les lignes de vaporisation partent du point d'ébullition minimum α (eutectique eau-benzène) et aboutissent au sommet eau.

Dans le volume de distillation du xylène $x \beta \gamma$BTX, les isothermes de rosée sont des plans d'équation

$$(6) \qquad \frac{m_B}{\pi_B} - \frac{m_T}{\pi_T} - \frac{m_X}{\pi_X} = \frac{100}{P},$$

où m_B, m_T, m_X sont les coordonnées courantes et π_B, π_T et π_X les tensions des constituants purs à une même température. Toutes les lignes de vaporisation partent aussi du point d'eutexie α pour aboutir au point figuratif du xylène.

CHAPITRE III.

RECTIFICATION.

12. Rectification des mélanges binaires. — Jusqu'ici nous ne nous sommes occupé que de la distillation et de la condensation simples, mais ces méthodes de séparation sont trop longues et l'industrie les remplace par une *rectification* dans des appareils appelés *colonnes* qui mettent simultanément en jeu les deux processus.

Pendant la rectification les vapeurs émises par le mélange à traiter sont partiellement condensées et barbotent dans un liquide plus riche qu'elles en constituant le plus volatil. Ce barboteur spécial, nommé *plateau*, émet lui aussi des vapeurs qui sont envoyées dans un deuxième barboteur analogue au premier, mais contenant un liquide encore plus volatil, etc. L'ensemble de tous les plateaux forme la colonne, les barboteurs sont superposés de manière que le liquide de chaque barboteur puisse refluer dans le plateau immédiatement inférieur tandis que la vapeur suit le chemin inverse. L'appareil récupère une partie des calories dégagées à la condensation et les utilise

pour une nouvelle vaporisation. Il permet en somme d'effectuer en
une fois une séparation équivalente à plusieurs distillations avec une
moindre dépense de chaleur.

Les distillateurs ont coutume d'appeler rectification l'opération qui
consiste à éliminer les impuretés d'un mélange d'alcool et d'eau
(flegmes) par distillation. *Voir* à cet égard l'ouvrage de L. Pierre [76]
qui renferme de cette question le meilleur exposé que je connaisse.
Or il n'y a pas, au point de vue physique, de différence essentielle
entre la distillation d'un mélange binaire et celle d'un mélange de
degré n ; les éléments constitutifs de l'appareillage employé dans les
derniers cas sont les mêmes, leur groupement seul diffère. Par contre
la distillation simple « en cornue » telle que nous l'avons décrite
au paragraphe 6 est tout autre chose que la distillation à l'aide d'une
colonne avec rétrogradation. C'est pourquoi nous réservons plus
spécialement à cette dernière méthode le nom de rectification.
Cf. Schüle [99].

Théorie des colonnes. — La théorie de la colonne à plateaux est
due à E. Sorel [100]. Depuis elle fut exposée à nouveau, améliorée et
développée à maintes reprises par de nombreux auteurs, H. Bergström [13]. McCabe et W. Thiele [13], G. Calingart et Huggins [16],
T. S. Carswell [17], Fouché [27], Gay [28], Hausbrand [36], Leslie [56], Lewis [38], Mariller [63], Murphee [72], Peters [76],
C. Robinson [88], Savarit [93[, Thormann [102], qui n'ont pas toujours eu connaissance du travail de leurs prédécesseurs. Nous résu-
merons brièvement cette théorie en suivant l'exposé de M. Ponchon [80] que nous simplifierons encore par l'emploi systématique
des déterminants comme moyen de calcul.

Une colonne à distiller se compose essentiellement d'une source de
chauffage, constituée en général par un serpentin où circule de la
vapeur d'eau, de la colonne proprement dite, du condenseur destiné
à fournir le liquide de barbotage, enfin du réfrigérant qui condense les
vapeurs s'échappant de l'appareil. On admet que la colonne, soigneu-
sement calorifugée, fonctionne d'une manière adiabatique si l'on peut
dire, le seul apport de chaleur étant celui qui provient des calories
des vapeurs s'élevant du soubassement, tandis que l'unique refroidissement est dû au liquide de barbotage qui rétrograde du condenseur.

Nous ne considérerons que la rectification *continue* à partir de l'instant où l'état de régime est atteint parce qu'elle permet seule de faire abstraction du facteur temps dans le calcul des colonnes.

Soient alors (*fig.* 22) :

M' la masse de liquide coulant à l'éprouvette;

C' son titre;

m' et c' la masse et le titre de la rétrogradation:

m_k et c_k la masse et le titre du liquide tombant par unité de temps du plateau de rang k sur celui de rang $k - 1$;

M_k et C_k les quantités correspondantes pour la vapeur s'élevant du plateau k au plateau $k + 1$;

γ_k et l'_k les chaleurs totales du liquide et de la vapeur du plateau k;

l' la chaleur totale du coulage:

γ' la chaleur totale de la rétrogradation.

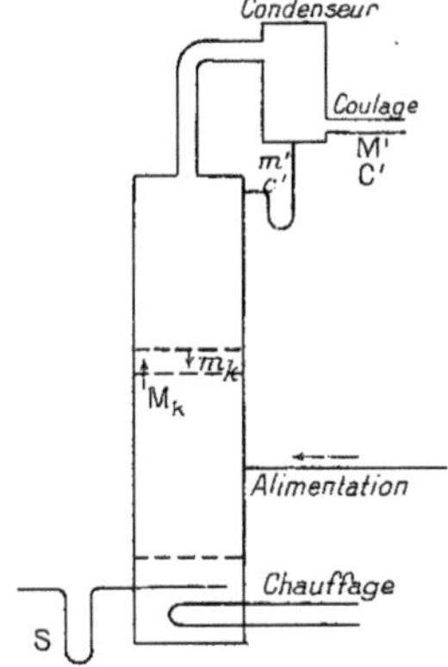

Fig. 22.

Les compositions sont données en pourcentages en poids du constituant le plus volatil dans la phase.

On considère alors la partie de la colonne comprise entre le $p^{\text{ième}}$ plateau, plateau supérieur, et le $(n + 1)^{\text{ième}}$, ce dernier étant pris dans la colonne de concentration située au-dessus de l'alimentation. (La partie inférieure de la colonne au-dessous de l'alimentation est appelée colonne d'épuisement.)

On écrit que, dans cette partie de l'appareil, la masse totale, celle du constituant le plus volatil, et la chaleur totale se conservent; d'où les trois équations

$$(1) \quad \begin{cases} M_n + m' = M_p - m_{n+1}, \\ M_n C_n + m'c' = M_p C_p - m_{n+1} c_{n+1}, \\ M_n \Gamma_n + m'\gamma' = M_p \Gamma_p + m_{n+1} \gamma_{n+1}. \end{cases}$$

Entre ces trois équations on considère M_n, m_{n+1} et M' comme des inconnues. On a en effet

$$M' = M_p - m',$$
$$M'C' = M_p C_p - m'c'$$

qui expriment que la masse totale et celle du constituant le plus volatil se conservent dans le condenseur. On ne peut en écrire autant de la chaleur puisque le condenseur introduit des frigories. Mais on pose

$$M'E = m'(\Gamma_p - \gamma') - M'\Gamma_p = M_p \Gamma_p - m'\gamma';$$

E est différent de Γ' justement parce que le condenseur enlève de la chaleur.

On peut alors écrire le système (1) sous la forme

$$(2) \quad \begin{cases} M_n - m_{n+1} - M' = 0; \\ M_n C_n - m_{n+1} c_{n+1} - M'C' = 0, \\ M_n \Gamma_n - m_{n+1} \gamma_{n+1} - M'E = 0. \end{cases}$$

Pour que ce système admette des solutions il faut que le déterminant des coefficients des inconnues M_n, m_{n+1} et M' soit nul; d'où

$$(3) \quad \begin{vmatrix} 1 & 1 & 1 \\ C & c & C' \\ \Gamma & \gamma & E \end{vmatrix} = 0.$$

Ce déterminant représente une droite passant par les points $P(\gamma, c)$, $Q(\Gamma, C)$, $R(E, C')$ du plan chaleur totale, concentration. Le point R est fixe (*fig.* 23).

Si alors on considère les courbes $\Gamma_n = f(C_n)$ et $\gamma_n = f(c_n)$, à tout point Q de la première correspond un point P de la seconde qu'on obtient en prenant l'intersection de la droite QR avec la courbe $\gamma = f(c)$.

Connaissant le titre c_{n+1} du liquide sur le plateau de rang $n + 1$, pour avoir le titre c_n sur le plateau n on joint P_{n+1} à R qui coupe la courbe $\Gamma = f(C)$ au point Q_n. La vapeur C_n est en équilibre avec un liquide c_n, on lit cette dernière concentration sur la courbe $C_n = f(c_n)$.

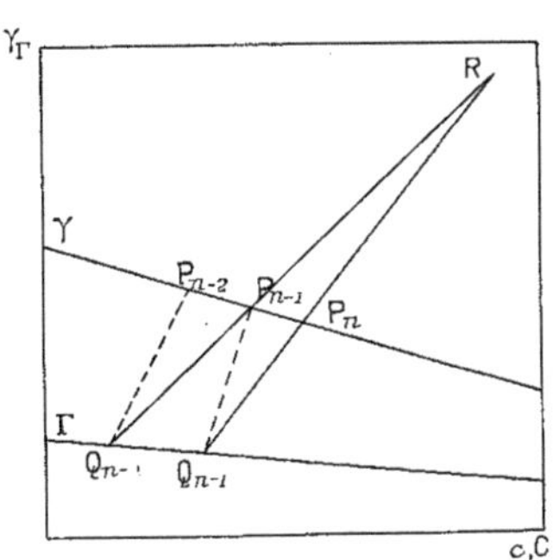

Fig. 23.

De même en tirant la droite P_nR on déterminera le point Q_{n-1} d'abscisse C_{n-1} en équilibre avec le liquide c_{n-1} sur le $(n-1)^{\text{ième}}$ plateau, etc.

On peut continuer à appliquer la méthode jusqu'à ce que la droite $P_n Q_n$ passe par le point R. A partir de ce moment la rectification est impossible dans la colonne de concentration car le titre augmenterait en descendant du plateau.

On a ainsi, pour une rétrogradation donnée, le titre minimum de la colonne de concentration.

On étudie de la même façon la théorie de la colonne d'épuisement. Exacte en soi cette théorie n'a qu'une valeur pratique limitée parce qu'elle ne tient pas compte du coefficient de rendement de chaque plateau dont la grandeur varie avec la construction et le régime de marche de la colonne.

On omet aussi de tenir compte du primage, c'est-à-dire de l'entraînement de gouttes liquides réduisant le rendement et modifiant le rapport des masses.

En outre on ne connaît encore que d'une manière bien imparfaite les grandeurs thermochimiques qui interviennent dans le calcul des colonnes, par exemple les chaleurs spécifiques et les chaleurs de vaporisation des mélanges. Nous ne disposons à cet égard que des expériences de D. Tyrer [103], de Fletcher et Tyrer [26] et de celles de Dana [19] sur l'air liquide. Les mélanges étudiés par Tyrer (sauf $C^6H^6 + C^2H^5OH$) n'ont pas un grand intérêt pratique. Il arrive à la conclusion que pour un mélange donné la chaleur latente de vaporisation est une fonction linéaire de la température, et, que pour une température donnée la chaleur latente est presque une fonction linéaire de la composition. Lorsque les vapeurs sont indifférentes les chaleurs latentes obéissent à la règle de Trouton

$$\frac{\Gamma M}{T} = \frac{1}{2}\frac{\Gamma_a M_a}{T_a} - \frac{1}{2}\frac{\Gamma_b M_b}{T_b},$$

où Γ, Γ_a et Γ_b sont les chaleurs de vaporisation du mélange et des constituants à leurs points d'ébullition absolus T, T_a et T_b; M_a et M_b les poids moléculaires des constituants et M le poids moléculaire du mélange calculé par la formule (C étant la proportion pour 100 de a dans le mélange)

$$M = \frac{100}{\dfrac{C}{M_a} + \dfrac{100 - C}{M_b}}.$$

Dans la plupart des applications industrielles on se borne à déterminer ces constantes par des extrapolations empiriques ou par des calculs dans lesquels les lois additives tiennent la première place. Cet arbitraire ne permet aucune vérification sérieuse de la théorie, ni aucune amélioration systématique de l'appareillage.

13. Rectification des mélanges complexes. — Dans la rectification de pareils mélanges il est intéressant d'examiner la variation des compositions des liquides des différents plateaux. Un certain mélange M (*fig.* 24) admettra *un chemin de rectification* analogue à la courbe 1, c'est-à-dire que du sommet à la base de la rectificatrice les points figuratifs des liquides se placeront sur la courbe 1. Si l'on multiplie le nombre des plateaux, si l'on augmente le volume de la rétrogradation et la quantité de chaleur fournie on déforme le chemin de rectification qui finit par tendre vers la ligne ABC. Théoriquement les constituants se classeront par ordre de volatilité décroissante aux différents étages de la rectificatrice, à condition qu'ils ne forment ni azéotropes, ni eutectiques, mais ce procédé conduirait à des appareils trop hauts. On emploie alors plusieurs colonnes.

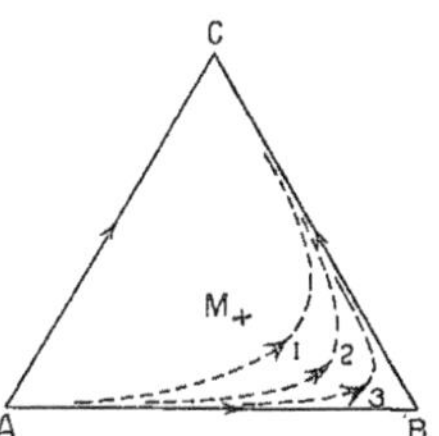

Fig. 24. — Chemins de rectification dans un système ternaire.

La théorie indique encore que le nombre minimum de colonnes à utiliser est égal à celui des constituants diminué d'une unité. On peut prendre l'un des groupements de la figure 25. Cette classification n'a d'ailleurs rien d'absolu et l'on trouve en pratique d'autres répartitions des appareils. Ces considérations s'expliqueront mieux à l'aide de quelques exemples.

14. Épuration de l'alcool. — Cette opération s'effectue en faisant passer le flegme dans une colonne appelée « épurateur continu » au sommet de laquelle on enlève les impuretés volatiles en extrayant 5 pour 100 de l'alcool distillé. Le résidu est alors rectifié; au bout de quelques jours, les impuretés telles que l'alcool isoamylique, l'alcool isobutylique, s'accumulent à certains étages de l'appareil où l'on doit pratiquer des extractions pour éviter qu'elles ne viennent souiller l'alcool de cœur. Enfin pour éviter de recueillir les traces d'éthers-sels, qui ont pu échapper à l'épurateur continu ou bien reformer par éthérification des acides dans la rectificatrice, on extrait l'alcool de cœur « pasteurisé » quelques plateaux au-dessous du sommet de la colonne.

Remarquons d'abord que les impuretés, en raison de leur faible

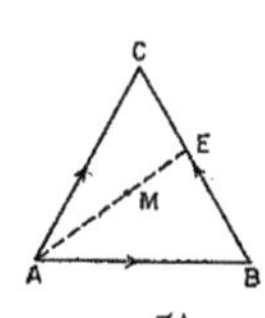

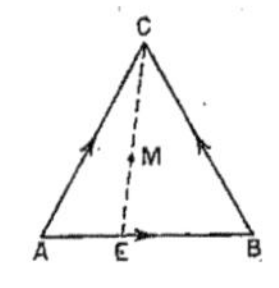

α. M colonne I⟨A ⟩E colonne II⟨B C

β. M colonne I⟨E colonne II⟨A B C

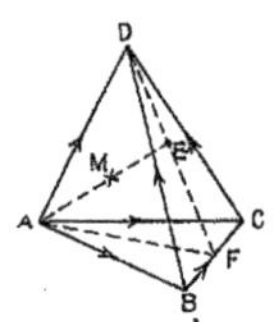

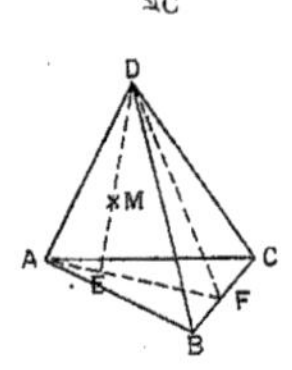

γ. M col. I⟨A ⟩E col. II⟨F col. III⟨B C D

δ. M col. I⟨E col. II⟨A ⟩F col. III⟨B C D

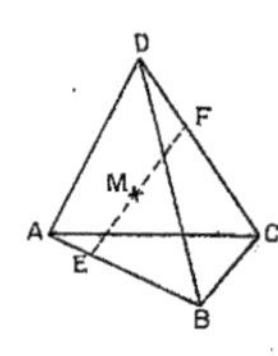

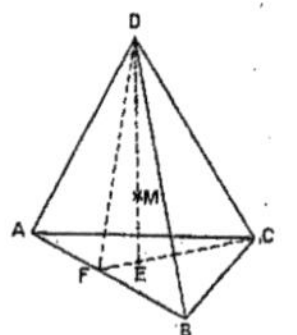

ε. M col. I ⟨F col. II⟨A B ⟩E col. III⟨C D

ζ. M col. I⟨E col. II⟨F col. III⟨A B C D

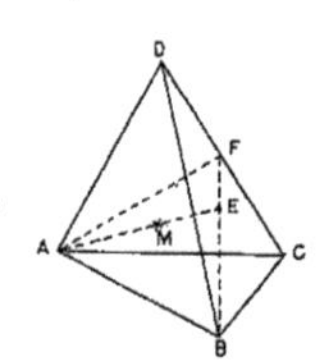

η. M col. I⟨A ⟩E col. II⟨B ⟩F col. III⟨C D

Fig. 25. — Groupement des colonnes dans la distillation
des mélanges ternaires et quaternaires.

concentration, ne prennent une importance croissante qu'avec la durée du fonctionnement de l'appareil continu. On peut donc admettre que la rectification est réglée par les lois de l'équilibre eau-éthanol, sauf aux points de concentration des impuretés où le diagramme eau-éthanol-impureté impose ses lois.

Ainsi dans l'épurateur continu tout se passe comme si l'on avait affaire à un mélange de trois constituants alcool éthylique-acétate d'éthyle-eau ; l'acétate d'éthyle représentant les impuretés de tête. Le diagramme de ces trois substances, qui fut étudié par Merriman [69] présente un mélange tertiaire M à point d'ébullition fixe. Le point figuratif de flegme est voisin de E (*fig.* 26). L'épurateur admet EαM

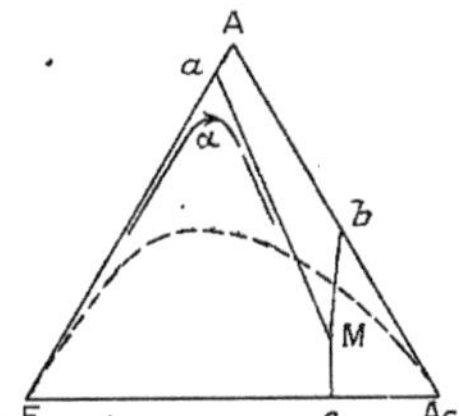

Fig. 26. — Diagramme régissant l'épurateur continu.

pour chemin de rectification dont la branche αM intéresse un nombre de plateaux supérieurs d'autant plus grand qu'on poursuit l'alimentation plus longtemps ; d'où la nécessité d'extraire 5 pour 100 d'alcool au sommet pour éliminer l'acétate d'éthyle.

Nous pourrons expliquer le fonctionnement de la rectificatrice à l'aide du diagramme eau-alcool éthylique-alcool isoamylique à deux champs de distillation (*fig.* 27, *cf.* § 10, *fig.* 16). Peu après la mise en marche le chemin de rectification est voisin de Aa. Mais puisque les plateaux extrèmes envoient au centre de l'appareil l'alcool isoamylique le chemin se déforme peu à peu suivant Aαa, Aβa, etc. en tendant vers A$e a$. Comme le nombre des plateaux de l'appareil reste fixe on est bien obligé d'extraire une partie du liquide du plateau le plus chargé en alcool isoamylique pour éviter que celui-ci n'infecte l'alcool de cœur. D'après la théorie de Sorel-Barbet [100] et [14], le prélèvement doit se faire sur le plateau pour lequel $k' = 1$

$$k' = \frac{\text{pour 100 des impuretés dans l'alcool de la vapeur}}{\text{pour 100 des impuretés dans l'alcool du liquide}}.$$

Mais contrairement à l'opinion de ces auteurs il n'existe pas qu'un mélange tertiaire unique pour lequel $k' = 1$. Sur chaque chemin de rectification nous avons un liquide pour lequel $k' = 1$ et tous ces liquides diffèrent non seulement par leur concentration en alcool

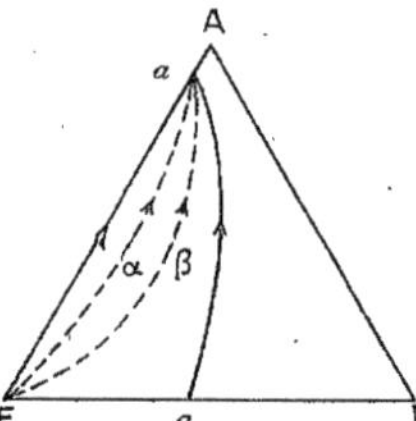

Fig. 27. — Élimination des huiles amyliques.

isoamylique mais encore par leur teneur en alcool éthylique. La position de l'extraction dépend de la construction et du fonctionnement de l'appareil.

La pasteurisation s'explique facilement à l'aide du diagramme alcool-eau-acétate d'éthyle d'après ce que nous avons dit plus haut.

15. La déshydratation de l'alcool éthylique. — Tandis que la distillation des méthylènes fournit sans grande difficulté de l'alcool méthylique presque anhydre, l'enrichissement des moûts fermentés par distillation s'arrête à l'alcool à 97° G.-L. Un simple coup d'œil jeté sur le diagramme d'équilibre (*fig.* 11) nous montre qu'il y a une impossibilité physique absolue à dépasser cette concentration. Sous la pression de 760^{mm} Hg, il existe un azéotrope qui renferme 4,43 pour 100 d'eau, et comme la rectification des systèmes qui possèdent un azéotrope ne permet jamais l'isolement simultané des deux constituants, on aura (*cf.* § 8) [J. Barbaudy, 10] :

Par distillation d'un mélange hypoazéotropique,

comme résidu, l'eau; comme distillat, l'azéotrope;

Par distillation d'un mélange hyperazéotropique,

comme résidu, l'alcool anhydre; comme distillat, l'azéotrope.

Les vins qui proviennent de la fermentation des moûts étant tous hypoazéotropes, il s'ensuit que l'isolement de l'alcool absolu par rectification sous $_{7}6o^{mm}$ Hg est toujours impossible. Aussi jusque vers 1921 l'alcool absolu est-il resté, si l'on peut dire, une curiosité de laboratoire, dont la production tout à fait minime était réservée à la pharmacie, à la préparation de quelques produits spéciaux de grande valeur et aux travaux de recherches. A partir de cette époque, sous l'influence des recherches nécessitées par la fabrication d'un carburant de prix modique, un certain nombre de méthodes industrielles de déshydratation de l'alcool aqueux ont été mises au point. Nous nous bornerons à examiner ici un certain nombre de procédés ayant déjà fait leurs preuves, renvoyant pour la description des autres solutions à la conférence de M. Patart [75]. Cela nous fournira quelques exemples typiques des lois générales de la distillation exposées dans les deux premiers Chapitres.

Absorbants chimiques. — Les substances avides d'eau et capables de former avec elle des combinaisons fixes furent de tout temps employées au laboratoire pour la déshydratation de petites quantités d'alcool. Parmi celles-ci nous citerons la chaux vive, la baryte caustique, le carbure de calcium, l'hydrure de calcium, etc.

C'est à la chaux vive que M. l'ingénieur Loriette [61] s'est adressé pour la préparation industrielle de l'alcool absolu. Mais tandis qu'au laboratoire on met le liquide en contact avec le réactif qui retient d'abondantes quantités d'alcool, ici les vapeurs à déshydrater passent sur une colonne de chaux portée à une température assez élevée pour qu'il n'y ait pas de condensation sur le déshydratant. L'opération se fait dans une tour verticale au sommet de laquelle on introduit la chaux vive. Après sa chute elle parcourt un cylindre horizontal où elle est brassée mécaniquement avec les vapeurs d'alcool qui che-

minent en sens inverse et vont se condenser dans le réfrigérant à la
sortie de la tour. Comme le produit condensé entraine des particules
de carbonate de chaux, on le redistille avant de le livrer à la consommation. En théorie il faut $3^{kg},11$ de CaO pour éliminer 1^{kg} d'eau,
pratiquement on en emploie $4^{kg},5$ à 5^{kg}, soit un excès de 60 pour 100.
Le procédé exige donc de grandes quantités de CaO ; de plus sa réalisation industrielle présente de grosses difficultés techniques, enfin
les pertes d'alcool par occlusion dans CaO sont encore assez notables
(7 à 10 pour 100). Aussi aucune distillerie importante n'emploie-
t-elle cette méthode. C'est pourtant par ce procédé que furent fabriqués
à la poudrerie de Sevran-Livry les 100^{hl} d'alcool absolu mis à la disposition du Comité du Carburant National. Pour déshydrater 1^{hl}
d'alcool à 95° il faudrait 80^{kg} de vapeur et 25^{kg} de chaux vive.

J'ai pu examiner au laboratoire un appareil imaginé suivant ce
principe par M. Loriette [62], pour déshydrater de petites quantités
d'alcool. Dans une première opération, 750^{cm3} d'alcool à 95° G.-L.
ont fourni 500^{cm3} d'alcool à 99°,2 G.-L. qui, dans une deuxième opération, ont donné 500^{cm3} d'alcool à 99°,9 G.-L. De même, 1200^{cm3}
d'alcool méthylique à 98°,5 pour 100 ont fourni 1^l d'alcool à
99,3 pour 100. Cette méthode ne paraît avoir qu'une importance
secondaire.

Déolacement de l'équilibre par la glycérine. — D'après ce que
nous avons dit plus haut la distillation d'un mélange hypoazéotropique ne nous permet pas de concentrer l'alcool au delà de la composition azéotropique à cause du contact tangentiel en ce point des
courbes de rosée et d'ébullition. Mais la mécanique chimique nous
apprend que l'azéotrope, loin d'être une combinaison définie, n'est
en réalité qu'un mélange ordinaire ne possédant la propriété azéotropique que pour une pression et une température données. La
théorie nous enseigne que pour faire cesser l'azéotropisme du
mélange il suffit de déplacer son équilibre, soit en introduisant un
facteur nouveau (troisième constituant), soit en modifiant l'une des
variables physiques (la pression).

MM. van Ruijmbecke et Mariller [64] ont préconisé l'emploi de la
glycérine comme tiers corps. Les vapeurs à déshydrater traversent
une colonne à rectifier au sommet de laquelle coule un filet continu
de glycérine. Dans ces conditions la vapeur qui s'échappe en haut de

l'appareil fournit un alcool marquant 98 à 99° G.-L. tandis qu'à la base s'écoule un résidu glycérineux d'où l'on récupère la glycérine par rectification.

A la distillerie de Montières-les-Amiens MM. Mariller et Granger ont réalisé une installation pouvant produire 250ᵐ d'alcool absolu par jour. Ils utiliseraient comme déshydratant une solution de carbonate de potassium anhydre dans la glycérine, liquide plus actif que la glycérine pure. L'alcool produit semble bien débarrassé de ces impuretés, mais il n'est jamais complètement exempt d'eau. Les échantillons dont j'ai pris la densité pesaient de 99°,6 à 99°,65 G.-L., ce qui correspond à une teneur d'environ 0,7 pour 100 d'eau en poids. Partant d'un alcool à 99°,5 on dépense 120ᵏᵍ,5 de vapeur par hectolitre d'alcool à 99°,8 [65].

Il est difficile d'expliquer le mécanisme de la déshydratation en l'absence du diagramme alcool-eau-glycérine qui n'a pas été publié. Mais, à cause de son point d'ébullition élevé (260°), la glycérine, même en solution concentrée, se comporte comme une substance fixe. D'après Iyer et Usher [38] une solution aqueuse à 75 pour 100 de glycérine émet (à 25°?) une vapeur qui ne contient que 0,2 pour 100 d'alcool polyvalent. D'autre part, à cause de son poids moléculaire relativement élevé, la glycérine élève peu les points d'ébullition des mélanges eau-alcool. Par conséquent dans le diagramme la surface de rosée, très au-dessus de la nappe d'ébullition, se raccorde presque tangentiellement au plan eau-alcool sur la courbe de rosée de ces constituants, à partir de laquelle elle monte très vite vers le sommet glycérine. Cela explique pourquoi les vapeurs contiennent très peu de cette substance [39], [101].

Le diagramme étant formé d'un unique champ de distillation, la méthode travaille sur le côté alcool glycérine AG du diagramme (*fig.* 28). Les vapeurs d'alcool à déshydrater étant d'abord en contact avec un grand excès de glycérine, le système est représenté par un point tel que M très voisin du sommet G. L'eau étant éliminée d'une façon probablement chimique, la rectification tend à se faire suivant le chemin GA*a*. Par conséquent pour relever le titre de l'alcool produit il y aurait lieu de pratiquer une sorte de pasteurisation, ou mieux de pratiquer la rectification hyperazéotropique sur les vapeurs qui échappent de l'appareil à glycérine en les envoyant s'analyser au milieu d'une petite colonne à plateaux. Au sommet de celle-ci on

aurait de l'alcool à 97° et à la base un résidu d'alcool absolu avec un
rapport pondéral des fractions de 1 à 5 environ.

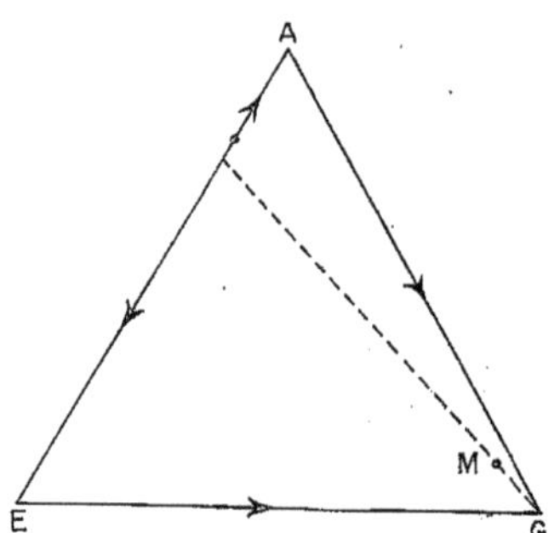

Fig. 28. — Alcool. Eau. Glycérine.

*Quelle que soit la méthode employée, il faudra toujours à la
fin de l'opération appliquer le principe de la rectification hyperazéotropique, chaque fois qu'il s'agira de concentrer l'alcool à
son plus haut degré. (La pasteurisation ici revient absolument au
même.)*

*Déplacement de l'équilibre par le benzène ou les hydrocar-
bures.* — Dès 1902 S. Young, après avoir déterminé la composition
du mélange $H^2O - C^6H^6 - C^2H^3OH$ à point d'ébullition fixe, avait
montré la possibilité de préparer l'alcool absolu par rectification en
présence de benzène. Il breveta son procédé [112] qui aurait été utilisé
par la firme Kahlbaum de Berlin depuis 1908 [110]. En nous appuyant
sur les recherches de notre thèse nous sommes maintenant en mesure
d'expliquer le principe de la méthode de S. Young.

Suivant leur richesse en alcool, les solutions d'eau et d'alcool se
comportent d'une façon différente ainsi que nous l'avons vu. Considérons alors le diagramme alcool-benzène-eau (*fig.* 29). Le système
binaire alcool-eau forme le côté AE du système ternaire auquel il
appartient par deux champs de distillation, celui de l'alcool et celui
de l'eau. Quand on ajoute du benzène au couple eau-alcool « on

détruit, on casse évidemment l'azéotrope a », c'est-à-dire qu'au voisinage du point a le contact des surfaces de rosée et d'ébullition n'a

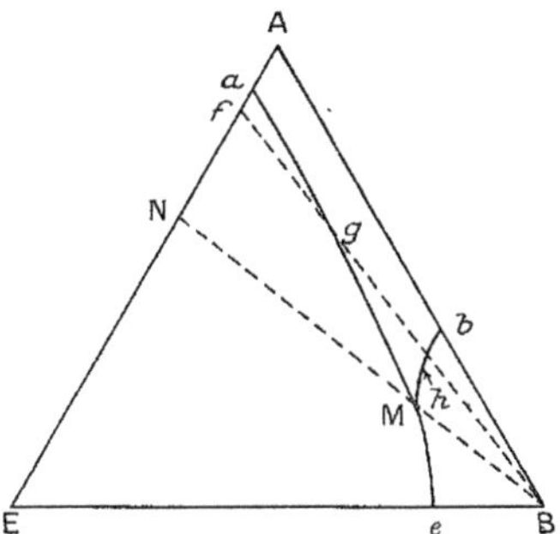

Fig. 29. — Déshydratation de l'alcool aqueux. Méthode de S. Young.

plus lieu, mais on introduit du même coup les courbes limites Ma, Mb, Mc.

Pour que le complexe ternaire ainsi obtenu donne par distillation un résidu d'alcool absolu, il ne suffit pas seulement d'additionner de benzène le mélange d'alcool et d'eau, il faut encore, ainsi que je l'ai montré (*loc. cit.* [4], [5], p. 144), en ajouter une proportion suffisante pour faire passer le point figuratif du complexe du champ III de distillation de l'eau dans celui de distillation de l'alcool $AaMb$. Il existe donc une *concentration minimum en benzène* qui est donnée par l'intersection g de la droite Bf joignant le sommet benzène au point figuratif de l'alcool à déshydrater avec la courbe limite Ma.

Mais il y a encore une *proportion maximum* de benzène à ne pas dépasser. Ce maximum est déterminé par l'intersection de la ligne infranchissable Mb avec la droite joignant le sommet benzène au point figuratif de l'alcool à déshydrater. Lorsqu'on dépasse ce maximum le point figuratif du complexe rentre dans le champ II, $MbBe$; par distillation il donne alors des vapeurs du mélange M et un résidu final de benzène. Avec un alcool à 93°,2 G.-L. (90 pour 100

en poids) cela se produit quand on lui ajoute plus de 2,4 fois (environ)
son poids de C^6H^6.

En outre tous les mélanges d'alcool et d'eau ne pourront pas être
déshydratés par cette méthode. Il y a une *richesse minimum en
alcool* au-dessous de laquelle la méthode ne permet plus d'isoler
l'alcool anhydre par distillation de ces solutions aqueuses en présence
de benzène. Ce titre minimum est donné par l'intersection N du
côté AE avec le prolongement de la droite joignant le point M au
sommet benzène. D'après le diagramme ce titre minimum est de 73
pour 100 d'alcool en poids (79°,5 G.-L.), mais à cause de l'exiguïté
du champ alcool près du point M, il faut sans doute opérer sur des
alcools titrant au moins 80 pour 100 en poids pour appliquer la
méthode avec profit.

Déjà dans son brevet de 1901 Sydney Young indiquait des poids
de benzène égaux à 1, 1,1 et 1,2 fois celui du liquide traité suivant
qu'on partait d'alcool à 96, 90 ou 82 pour 100. Les distillateurs
indiquent à l'heure actuelle une proportion de benzène voisine de
0,85 fois celle de l'alcool traité, mais ce chiffre me paraît un peu
faible.

L'alcool à déshydrater qui renferme au plus 25,57 pour 100 d'alcool
et qui doit en contenir au moins 80 pour 100 est additionné d'une
quantité de benzène suffisante pour faire passer le point figuratif du
mélange dans le champ de distillation de l'alcool. Le complexe est
alors rectifié dans une colonne puissante, on recueille au sommet les
vapeurs du mélange M et à la base on obtient l'alcool absolu. L'écart
de température est de 78°,30-64°,85, abstraction faite de la perte de
charge due aux liquides des plateaux qui élève le point d'ébullition
de l'alcool anhydre.

Il s'agit maintenant de récupérer le benzène et l'alcool du
mélange M. Ces vapeurs donnent par condensation à 64°,85 deux
couches liquides. La couche supérieure renferme la presque totalité
du benzène; la majeure partie de l'eau se trouve dans la couche inférieure. Par refroidissement la masse de cette dernière augmente,
l'eau s'y concentre en entraînant un peu d'alcool (pour les compositions voir ma Thèse).

Après décantation la couche supérieure est renvoyée à la rectification où le benzène qu'elle contient servira à déshydrater une nouvelle
quantité d'alcool aqueux. Quant à la couche inférieure elle est rec-

tifiée dans une petite colonne qui fournit des vapeurs **M** et un résidu
d'alcool dilué. Ce dernier est alors rectifié dans une nouvelle colonne
qui permet d'extraire l'alcool à haut degré qu'elle contient et de le
faire repasser dans la nouvelle rectificatrice.

Le tableau qui suit schématise la marche des opérations. Les traits
forts indiquent le cycle décrit par la portion principale du benzène,
les traits mixtes, celui décrit par la portion secondaire du déshydratant.

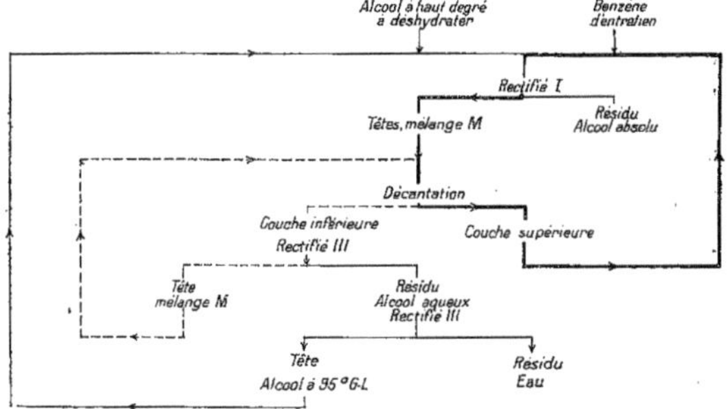

Tel est le processus qui permet de faire resservir un poids de benzène déterminé à la déshydratation d'une quantité d'alcool qui serait
illimitée si l'on ne perdait toujours un peu de benzène par évapora-
tion. C'est la méthode employée industriellement dont l'invention
déduite des expériences de S. Young est plus ou moins revendiquée
par tous les auteurs de brevets : Kubierscky [44], Evence Coppée [24],
U. L. Industrial Alcohol Cy [104], Ricard Allenet et Cie [86], [87],
H. Guinot [32], [33].

Au cours des dernières années 250000^{hl} d'alcool absolu ont été
fabriqués en France par ce procédé. Les usines actuellement équipées
peuvent produire 2700^{hl} par jour. D'après leur densité les échantillons que j'ai examinés renfermaient de 0,03 à 0,02 pour 100 d'eau en
poids. Les distilleries des Deux-Sèvres garantissent une teneur en
substances entrainantes moindres que $\frac{1}{10\,000}$. Par contre la proportion
d'impuretés semblait plus forte que celle contenue dans mes échantillons d'alcool absolu à la glycérine. Cela tient peut-être à la matière

première ou au soin apporté par l'usine à la fabrication plutôt qu'à la
méthode elle-même. Cependant M. H. Guinot [34] s'est préoccupé
de modifier la disposition des appareils en vue d'améliorer la séparation des impuretés, et nous ne doutons pas que le problème ne puisse
recevoir une solution satisfaisante dans un délai rapproché.

Distillation sous vide. — Dans le paragraphe 3 *a* nous avons
signalé le beau travail de Merriman sur la disparition de l'azéotrope
eau-alcool sous les basses pressions qui permettent alors la séparation
des mélanges eau-alcool par distillation.

En 1881, un précurseur, le Genevois R. Pictet [79], avait déjà tenté
la réalisation industrielle du procédé dans son usine de la rue des
Immeubles-Industriels, à Paris. Il utilisait deux rectificateurs dis-
continus, genre Savalle, placés en série. La condensation se faisait à
l'aide d'une machine frigorifique à SO^2 liquide permettant d'obtenir
un écart de température de 100° entre les chaudières et le réfrigérant
à — 40°. L'alcool recueilli titrait de 98 à 99° G.-L. et l'auteur insiste
sur son excellente qualité.

Mais Pictet n'indique rien dans son Mémoire qui puisse faire sup-
poser qu'il connaissait l'existence de l'azéotrope eau-alcool. On n'a
pas l'impression qu'il connaissait le mécanisme exact de sa méthode,
il s'agirait plutôt là d'une intuition.

Merriman, au contraire, et semble-t-il le premier, signale nette-
ment la possibilité de déshydrater l'alcool aqueux par rectification
sous une pression voisine de 70^{mm} Hg. M. E. Barbet a bien voulu, sur
ma demande, tenter la mise au point industrielle du procédé à l'aide
des colonnes puissantes dont nous disposons aujourd'hui. Il imagina
un appareil [12] constitué par trois colonnes. La première donne
l'alcool à 95° qui, rectifié dans la seconde sous un vide de 60^{mm} Hg,
fournit l'alcool à 99°. Enfin une troisième colonne, travaillant par
rectification hyperazéotropique, élève le titre du liquide à 100° (¹).

Une installation de 150ʰˡ a été étudiée à Pontelagoscouro en Italie.
La colonne hyperazéotropique fonctionnait normalement, mais le
vacuum ne put fournir l'alcool à 99° qu'avec un coulage réduit au
quart du débit pour lequel l'appareil avait été construit. Sous un vide

---

(¹) On trouvera dans l'article de M. Fichoux [25] des renseignements complémen-
taires sur cette méthode. Il s'agit justement de l'installation à laquelle nous avons
collaboré.

aussi poussé, les vitesses de translation des vapeurs ainsi distendues deviennent considérables. Le primage très important réduit sans doute le coefficient d'enrichissement des plateaux qui fonctionnent alors dans des conditions défectueuses.

La mise au point du procédé, dont la base scientifique est indiscutable, reste donc une question d'appareillage. Pour ne pas augmenter le volume des colonnes, on est conduit à utiliser des vitesses de circulation des vapeurs beaucoup plus grandes que celles adoptées actuellement. Le plateau travaillant sous vide et à grande vitesse reste donc à créer. Les progrès réalisés dans cette voie auront sans doute une répercussion importante sur la construction des rectificatrices ordinaires.

Distillation sous pression. — La firme allemande E. Merck a tenté d'abaisser le coût de la déshydratation en travaillant sous pression. Dans ses laboratoires le Dr O. v. Keussler [41] a d'abord étudié un procédé à la chaux en autoclave sous 5^{atm} qui semble plus économique que le procédé Loriette.

Pour une même quantité d'alcool produite la durée de l'opération s'abaisse à 10 heures sous 5^{atm} au lieu de 48 heures sous la pression atmosphérique. La consommation de vapeur serait réduite au tiers et enfin les pertes ne dépasseraient pas 2 pour 100 tandis qu'elles atteignent 5 à 8 pour 100 avec les anciens procédés.

Mais l'étude la plus intéressante est celle qui fit l'objet de la Thèse de O. v. Keussler [39]. La déshydratation de l'alcool aqueux, d'après la méthode de S. Young, présente certains avantages quand on l'effectue sous 10^{atm}. D'abord la composition du mélange ternaire à point d'ébullition fixe se déplace de telle sorte qu'il suffit d'employer un volume de benzène égal au tiers de celui de l'alcool traité pour éliminer l'eau.

Composition du mélange à P. E. minimum.

	Pression. 1$^{atm.}$	Pression, 10$^{atm.}$
Alcool.	18,5	21,3
Benzène.	74,1	60.7
Eau.	7,4	18
Point d'ébullition.	64°,85	144°

Au contraire l'azéotrope alcool-benzène qui passe à 149° renferme 62 pour 100 d'alcool au lieu de 32,5 pour 100 sous la pression

atmosphérique. La rectification se fait comme par la méthode ordinaire de S. Young avec la seule différence qu'on travaille sous 10^{atm}.
Les récupérations de benzène se font par distillation sous la pression
atmosphérique.

D'après le diagramme (*fig.* 3o), 100^l du complexe alcool aqueux-
benzène fournissent par distillation sous la pression atmosphérique
$35^l,2$ d'alcool absolu, tandis que sous 10^{atm} la même opération donne
$60^l,4$ d'alcool absolu [39], [40]. En outre non seulement la quantité
d'eau éliminée est plus forte ($2^l,8$ au lieu de $1^l,9$), mais encore la
quantité des liquides à traiter pour récupérer le benzène est beaucoup plus faible (19^l de distillat au lieu de $33^l,8$).

Une première installation de 250^{hl} fonctionne d'après ce principe
à la distillerie d'Adlershof (Berlin) sous le contrôle du *Reichsmonopol
verwaltung* depuis le début de 1927. La différence essentielle d'avec
les appareils français et américains réside dans la colonne de déshydratation travaillant sous 10^{atm}. Les autres organes de l'appareillage
n'ont rien de spécial.

La méthode de S. Young, appliquée sous la pression atmosphérique
comme sous 10^{atm}, peut servir d'une façon tout à fait générale à la
séparation des mélanges azéotropiques et à la déshydratation des
alcools propylique, isopropylique, etc.

16. **Conclusion.** — La mécanique chimique tout entière, avec ses
lois, ses procédés de calcul, ses représentations graphiques domine le
problème de la distillation. La mise au point rationnelle de toute
séparation exigera donc d'abord la connaissance approfondie du
diagramme d'équilibre des composants. Quant à la construction des
colonnes elle fait intervenir non seulement les relations entre les concentrations des phases, mais encore les chaleurs spécifiques et les
chaleurs de vaporisation de chacune d'elles. Elle dépend donc aussi
de la doctrine de la règle des phases.

Ces faits sont aujourd'hui classiques, mais on peut dire que la
théorie de la construction des colonnes n'a pas sensiblement progressé
depuis Sorel; les perfectionnements les plus récents sont d'origine
empirique. Il faudrait maintenant étudier avec soin les phénomènes
d'établissement de l'équilibre, de diffusion, de conduction thermique
dont ces appareils sont le siège. On préciserait ainsi la nature de bien
des particularités reconnues par les techniciens, dont l'existence n'est

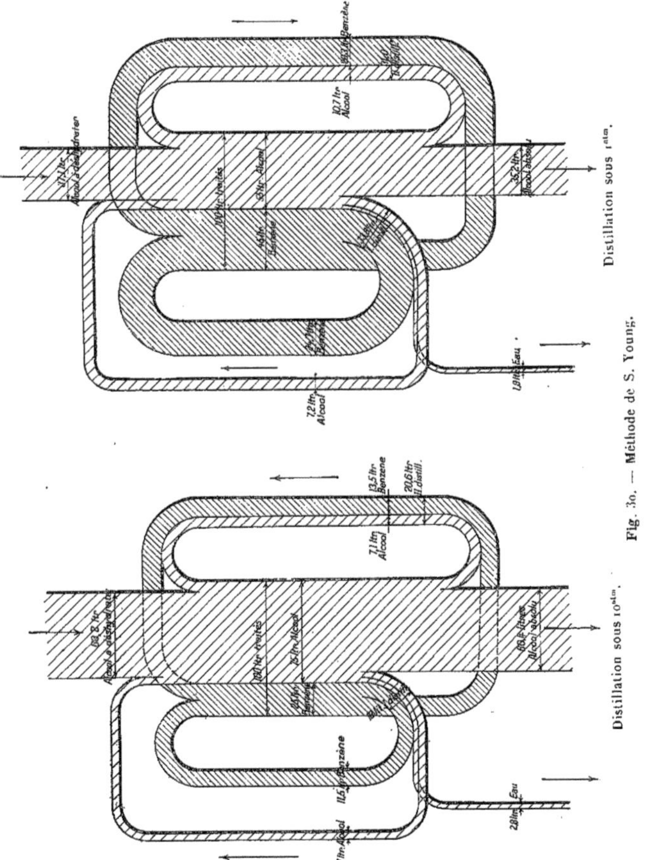

Fig. 30. — Méthode de S. Young.

certes pas niable, mais dont nous nous refuserons à attribuer la cause à une hyperébullition, à une réébullition, etc.

On sait l'importance considérable de l'agitation pour réaliser l'équilibre vrai, du liquide avec sa vapeur, qui est indispensable à un fractionnement soigné. Dans les colonnes modernes, appareils statiques et de grand diamètre, cette agitation ne peut être obtenue que par le barbotage intense des vapeurs dans les solutions, barbotage forcément accompagné d'un primage dont on n'arrive pas toujours à réduire les perturbations qu'il provoque dans le classement des produits. C'est pourquoi l'on peut se demander si le plateau actuel ne pourra pas être un jour remplacé par un organe mieux adapté aux séparations.

Les expériences qui ont été faites avec des colonnes de laboratoire, tant au point de vue de la puissance des appareils que de la facilité des séparations, n'ont donné que des résultats illusoires et contradictoires. Ces recherches ne peuvent s'effectuer que sur un modèle réduit de colonne industrielle possédant tous les dispositifs de réglage utilisés dans la technique et les moyens de contrôle les plus perfectionnés. L'appareil en question ne devra mettre en œuvre que quelques kilogrammes de matières afin qu'il soit possible de travailler sur des mélanges synthétiques préparés avec des produits chimiquement purs. C'est la voie où doivent s'engager les laboratoires industriels s'ils veulent mettre au point des appareils modernes à grand rendement et faible dépense thermique.

BIBLIOGRAPHIE.

1. BANCROFT. — *The Phase Rule* (Ythaca, New-York, 1897).
2. BARBAUDY (Jean). — Note sur l'entraînement du toluène à la vapeur (*C. R. Acad. Sc.*, t. 176, 1923, p. 1116).
3. BARBAUDY (Jean). — Note sur les points d'ébullition des mélanges d'alcool éthylique, d'eau et de benzène (*C. R. Acad. Sc.*, t. 180, 1925, p. 1924).
4. BARBAUDY (Jean). — Contribution à l'étude de la distillation des mélanges ternaires hétérogènes (*Thèse de Doctorat*). 1 vol. in-8º de 160 pages avec 68 figures (Hermann, éditeur, Paris, 1925).
5. BARBAUDY (Jean). — Déshydratation de l'alcool aqueux par rectification en présence de benzène (*C. R. Acad. Sc.*, t. 181, 1925, p. 911).

6. Barbaudy (Jean). — Système alcool éthylique-benzène-eau : I. Étude de la surface de trouble (*Rec. Trav. Chim. Pays-Bas*, 4ᵉ série, t. 7, 1926, p. 207).

7. Barbaudy (Jean). — Système alcool éthylique-benzène-eau : II. Densités et indices de réfraction à 25° (*Bull. Soc. Chim.*, t. 49, 1926, p. 371).

8. Barbaudy (Jean). — Contribution à l'étude de la distillation des mélanges ternaires hétérogènes : I. Le système eau-benzène-toluène (*Journ. Chim. Phys.*, t. 23, 1926, p. 289).
    — Note sur la miscibilité, les densités et les indices de réfraction des mélanges d'alcool méthylique-benzène-eau (*C. R. Acad. Sc.*, t. 182, 1926, p. 1279).

9. Barbaudy (Jean). — Contribution à l'étude de la distillation des mélanges ternaires hétérogènes : II. Le système alcool éthylique-benzène-eau (*Journ. Chim. Phys.*, t. 24, 1927, p. 1).

10. Barbaudy (Jean). — La fabrication industrielle de l'alcool absolu (*Annales des Combustibles liquides*, t. 3, 1928, p. 191).

11. Barbet (E.). — *La rectification et les colonnes rectificatrices en distillerie* (E. Bernard, éditeur, Paris, 1895).

12. Barbet (E.-A.). — Procédé et appareil de production d'alcool déshydraté par rectification des vins ou des flèches, sans aucun réactif déshydrateur (B. F. n° 5-5981 du 17 novembre 1923).

13. Bergström (H.). — *Gründer for berakningarvid destillation av vätskeblandningar i kolonnapparater* (Stockholm, 1917).

14. Büchner. — *Die heterogenen Gleichgewichte vom Standpunkte der Phasen Lehre*; II. Helte, II. Teil, p. 35 (Vieweg und Sohn, éd., Braunschweig, 1918).

15. Cabe Mc et Thiel. — Calcul graphique des colonnes à rectifier (*Ind. Eng. Chem.*, t. 17, 1925, p. 605).

16. Calingart (G.) et Huggins. — Efficacité des colonnes à fractionner (*Ind. Eng. Chem.*, t. 16, 1924, p. 584).

17. Carswell (T. S.). — Calcul des colonnes de fractionnement (*Ind. Eng. Chem.*, t. 18, 1926, p. 294).

18. Chababot et Rocherolles. — Étude sur la distillation simultanée de deux substances non miscibles (*C. R. Acad. Sc.*, t. 138, 1902, p. 175; *Bull. Soc. Chim.*, t. 31, 1904, p. 553).

19. Dana. — Chaleur latente de vaporisation des mélanges d'oxygène et d'azote (*Proc. Amer. Acad. Arts a. Sc.*, t. 60, 1925, p. 241).

20. Desmaroux. — Tension de vapeur des mélanges alcool éthylique-éthereau à 0° (*Mémorial des Poudres et Salpêtres*, t. 19, 1922, p. 322).

21. Dolezalek. — Contribution à la théorie de la tension de vapeur des mélanges homogènes (*Zeit. phys. Chem.*, t. 26, 1898, p. 321).
    — Sur la théorie des mélanges binaires et des solutions concentrées (*Zeit. f. Phys. Chem.*, t. 64, 1908, p. 727; t. 71, 1910, p. 191; t. 83, 1913, p. 40; t. 97, 1921, p. 417).

22. Dolezalek et Schulze. — Sur la théorie des mélanges binaires et des

solutions concentrées : IV. Le mélange éther éthylique-chloroforme (*Zeit. f. phys. Chem.*, t. 83, 1913, p. 45).

23. DRUCKER et MOLES. — Tensions de vapeur des solutions aqueuses de glycérine (*Zeit. f. physik. Chim.*, t. 73, 1910, p. 416).

24. EVENCE COPPÉE (Société). — Procédé pour la fabrication de l'alcool absolu (B. F. n° 565 264 du 19 avril 1923).

25. A. FICHOUX. — La distillation et la rectification sous pression réduite. Leurs applications. *Septième Congrès de Chimie Industrielle*, 16-22 octobre 1922.

26. FLETCHER et TYRER. — Chaleurs latentes de vaporisation du benzène, du chloroforme et de leurs mélanges entre o et 80° (*Journ. Chem. Soc.*, t. 103, 1913, p. 517).

27. FOUCHÉ. — *Mém. Soc. Ing. Civils*, janvier 1922.

28. GAY. — Distillation et rectification (*Chimie et Industrie*, t. 3, 1920, p. 157; t. 4, 1920, p. 735; t. 6, 1921, p. 567).

29. GAY. — Distillation et rectification des mélanges quaternaires (*Chimie et Industrie*, t. 15, 1926, p. 3 et 173; t. 18, 1927, p. 187 et 381).

30. GAY-LUSSAC. — Sur le degré d'ébullition de deux liquides mélangés, sans action l'un sur l'autre (*Ann. Chim. Phys.*, 2e série, t. 49, 1832, p. 393).

31. GERNEZ. — Sur l'ébullition des liquides superposés (*C. R. Acad. Sc.*, t. 86, 1878, p. 472).

32. GUINOT (H.). — Méthode continue de déshydratation de l'alcool et de certains liquides organiques (*C. R. Acad. Sc.*, t. 176, 1923, p. 1628).

33. GUINOT (H.). — Méthode et appareil de laboratoire pour la déshydratation de l'alcool (*Bull. Soc. Chim.*, 4e série, t. 37, 1925, p. 1008).

34. GUINOT (H.). — La fabrication industrielle de l'alcool absolu (*Chimie et Industrie*, t. 15, 1926, p. 323).

35. HANNOTTE. — Mélanges azéo.r p'ques des formiates et des azétates des alcools saturés aliphatiques (*Bull. Soc. Chim. Belge*, t. 35, 1926, p. 85).

36. HAUSBRAND. — *Die Wirkungsweise der Rektifizier- und Destillier Apparate* (Springer, Berlin, 1921).

37. HILDEBRAND (J.). — *Solubility*, 1 vol. in-8°, p. 123 (The Chemical Catalog C°, éditeur, New-York, 1923).

38. IYER et USHER. — Composition des phases liquides en vapeur des mélanges d'eaux et de glycérine (*Journ. Chem. Soc.*, t. 127, 1925, p. 841).

39. KEUSSLER (O. v.). — Production industrielle de l'alcool absolu par distillation sous pression du mélange alcool-benzène-eau et préparation d'un carburant bon marché (*Thèses*, Technischen Hochschule Darmstadt, 1925).

40. KEUSSLER (O. v.). — Fabrication industrielle de l'alcool anhydre par distillation sous pression (*Zeit. Ver. deutsch. Ingenieur*, t. 71, 1927, p. 925; *Zeit. f. Spiritus Industrie*, t. 30, 1927, p. 215).

41. KEUSSLER (O. v.). — Déshydratation industrielle de l'alcool par le procédé à la chaux sous pression (*Zeit. f. Spiritus Industrie*, t. 30, 1927, p. 216).

42. KONOVALOW. — Sur la tension de vapeur des mélanges liquides (*Wied. Ann.*, 3e série, t. 14, 1881, p. 219).

43. KREMANN. — *Die Eigenschaften der binären Flussigkeitsgemische*, p. 79-142. 1 vol. (Enke, éditeur, Stuttgart, 1916).

44. KUBIERSCHKY. — Deutsche Patentanmeldung du 13 octobre 1914.

45. KUENEN. — *Verdampfung und Verflussigung von Gemischen* (A. Barth, Leipzig, 1906).

46. LECAT (M.). — *La tension de vapeur des mélanges de liquides. L'azéotropisme.* Ire Partie : *Données expérimentales. Bibliographie*, 1 vol. in-8° (H. Lamertin, éditeur, Bruxelles, 1918).

47. LECAT (M.). — Nouveaux azéotropes : I (*Ann. Soc. scientif. de Bruxelles*, t. 45, 1926, p. 169).

48. LECAT (M.). — Nouveaux azéotropes binaires : II (*Rec. Trav. Chim. Pays-Bas*, t. 45, 1926, p. 620).

49. LECAT (M.). — Nouveaux azéotropes binaires : III (*Ann. de la Soc. scientif. de Bruxelles*, t. 45, 1926, p. 284).

50. LECAT (M.). — Sur l'azéotropisme, particulièrement des systèmes binaires à constituants chimiquement voisins (*C. R. Acad. Sc.*, t. 183, 1926, p. 880).

51. LECAT (M.). — Formules pour la prévision des constantes azéotropiques des systèmes formés d'alcool et d'halogénure (*C. R. Acad. Sc.*, t. 184, 1927, p. 816).

52. LECAT (M.). — Nouveaux azéotropes binaires : IV (*Ann. Soc. scientif. de Bruxelles*, t. 47, I, 1927, p. 21).

53. LECAT (M.). — Nouveaux azéotropes binaires : V (*Rec. Trav. Chim. Pays-Bas*, t. 46, 1927, p. 240).

54. LECAT (M.). — L'azéotropisme dans les systèmes binaires alcools-halogénures (*Ann. Soc. scientif. de Bruxelles*, t. 47, II, 1927, p. 39).

55. LECAT (M.). — Nouveaux azéotropes binaires : VIII (*Rec. Trav. Chim. Pays-Bas*, t. 47, 1928, p. 13).

56. LEHFELDT. — Propriétés des mélanges liquides : III (*Phil. Mag.*, 5e série, t. 47, 1899, p. 284).

57. LESLIE. — *Motor Fuels*, p. 87 (New-York, 1923).

58. LEWIS. — Efficacité et construction des colonnes de rectification (*Ind. Eng. Chem.*, t. 14, 1922, p. 492).

59. LEWIS (E.). — Composition du résidu de distillation de la glycérine brute (point d'ébullition des solutions aqueuses sous 760mm (*Journ. of the Soc. of Chem. Ind.*, t. 41, 1922, p. 97T à 100T).

60. LEWIS et WEBER. — Détermination de la chaleur de vaporisation à partir des tensions de vapeur (*Ind. Eng. Chem.*, t. 14, 1922, p. 486).

61. LORIETTE. — B. F. 546 431.

62. LORIETTE. — *Bull. Soc. Chim.*, 4e série, t. 40, 1926, p. 1767.

63. MARILLER. — *Distillation et rectification des liquides industriels*, p. 258 (Paris, 1925).

64. MARILLER. — B. F. n° 539 103 du 15 juillet 1921; n° 543 771 du 22 novembre 1921.

65. MARILLER. — Controverse sur l'alcool absolu (*Agriculture et Industrie*, 1926).

66. Magnus. — Sur l'ébullition des mélanges de deux liquides (*Ann. Pogg.*, 2ᵉ série, t. 38, 1892, p. 481).

67. Marshall. — Tensions de vapeur des mélanges binaires : I. Types possibles de courbes de tensions de vapeur (*Journ. Chem. Soc.*, t. 89, 1906, p. 1350).

68. Masing. — Sur la composition des vapeurs émises par les mélanges liquides d'eau et d'alcool (*Chem. Zeitung*, n° 63, 1908, p. 745).

69. Merriman (R. W.). — Tensions de vapeur des alcools gras inférieurs et de leurs azéotropes avec l'eau : I. Alcool éthylique (*Journ. Chem. Soc.*, t. 103, 1913, p. 628).

70. Merriman (R. W.). — Les azéotropes d'acétate d'éthyle, d'alcool éthylique et d'eau au-dessus et au-dessous de la pression atmosphérique : I et II (*Journ. Chem. Soc.*, t. 103, 1913, p. 1790 et 1801).

71. Michaud (F.). — Contribution à l'étude des mélanges (*Ann. de Phys.*, 2ᵉ série, t. 6, 1916, p. 223).

72. Murphee (E. V.). — Calcul graphique des colonnes de rectification (*Ind. Eng. Chem.*, t. 17, 1925, p. 960).

73. Naumann (A.). — Sur l'entraînement à la vapeur du benzène, toluène, xylène (*Ber. deut. Chem. Gesell.*, t. 20, 1877, p. 1421).
— Sur l'entraînement à la vapeur du tétrachlorure de carbone et de l'essence de térébenthine (*Ibid.*, p. 1819).
— Sur l'entraînement à la vapeur du nitrobenzène, du bromure d'éthyle, du benzoate d'éthyle et de la naphtaline (*Ibid.*, p. 2014; *cf.*, p. 2099).

74. Oman (E.). — Distillation des mélanges liquides (*Svensk. Kem. Tids.*, t. 36, 1924, p. 223).

75. Patart (G.). — L'alcool anhydre et sa fabrication industrielle (*Bull. Soc. Encourag.*, t. 123, 1924, p. 201).

76. Peters (W. A.). — Efficacité et puissance des colonnes à fractionner (*Ind. Eng. Chem.*, t. 14, 1922, p. 476).
— Calcul théorique des colonnes à fractionner (*Ind. Eng. Chem.*, t. 15, 1923, p. 402).

77. Pettit. — Points d'ébullition minima et compositions de vapeur (*The Journ. phys. Chem.*, t. 3, 1899, p. 369).

78. Pierre (L.). — *Cours de Physique industrielle*, p. 633-690 (Albin Michel, éditeur, Paris, 1927).

79. Pictet (R.). — La distillation et la rectification des alcools par l'emploi des basses températures (*Arch. Sc. ph. et nat.*, Genève, t. 5, 1881, p. 345).

80. Ponchon (M.). — Étude graphique de la distillation fractionnée industrielle (*La Technique moderne*, t. 13, 1921, p. 20, 55).

81. Rechenberg (C. v.) et W. Weisswange. — Distillation des liquides non miscibles (*Journ. f. prakt. Chem.* (Neue Folge), t. 72, 1905, p. 478).

82. Rechenberg (C. v.). — *Einfache und fraktionierte Destillation in Theorie und Praxis* (Schimmel et Cᵗᵉ, éditeurs, Leipzig, 1923).

83. Rechenberg (C. v.). — Intersection des courbes de tension de vapeur et ses conséquences (*Zeit. f. physik. Chem.*, t. 99, 1921, p. 87).

84. Regnault (H.). — Sur les forces élastiques des vapeurs dans lé vide et dans les gaz aux différentes températures, et sur les tensions de vapeurs formées par les liquides mélangés ou superposés (*C. R. Acad. Sc.*, t. 39, 1854, p. 397).

85. Reilly et Henley. — Distillation industrielle de l'acétone et de l'alcool butylique-*n* (*voir* S. Young (111) *Distillation Principles and Process*, p. 260).

86. Ricard, Allenet et Cie. — Procédé de fabrication de l'alcool absolu (B. F. n° 577 169 du 14 février 1924).

87. Ricard, Allenet et Cie. — Appareil pour la fabrication continue d'alcool absolu (B. F. n° 580 158 du 15 avril 1924).

88. Robinson (C.). — Efficacité des plateaux d'une colonne à alcool (*Ind. Eng. Chem.*, t. 14, 1922, p. 480).

89. Roozeboom (B.). — *Die heterogenen Gleichgewichte v. Standpunkte der phasen Lehre*, II$_1$ et II$_2$ (Leipzig, 1904 et 1918).

90. Rosanoff, Bacon et Schure. — Méthode de calcul des pressions partielles à partir des pressions totales des binaires et théorie de la distillation fractionnée (*J. Amer. Chem. Soc.*, t. 36, 1914, p. 1993).

91. Rosanoff, Schulze et Dunphy. — Sur la distillation fractionnée avec une colonne réglée à température uniforme : II. Mélanges ternaires C^6 H^5 CH^3 CCl^1 — C^2 H^1 Br^2 (*J. Amer. Chem. Soc.*, t. 37, 1915, p. 1072).

92. Ryland. — Contribution à l'étude des mélanges liquides à point d'ébullition fixe (*Journ. Amer. Chem. Soc.*, t. 22, 1899, p. 384).

93. Savarit. — Étude graphique des colonnes à distiller les mélanges binaires et ternaires (*Chimie et Industrie*, numéro spécial, mai 1923, p. 737).

94. Scheffer. — Sur l'existence d'un maximum et d'un minimum de pression dans les équilibres hétérogènes à température constante (*Proc. Ak. Amster.*, t. 16, 1913-1914, p. 104; t. 17, 1915, p. 334).

95. Schreinemakers (F. A. H.). — Tensions de vapeur de mélanges ternaires (*Archives Néerlandaises*, 2e série, t. 4, 1901, p. 346; t. 7, 1902, p. 99; *Zeit. f. physik. Chem.*, t. 35, 1900, p. 459; t. 36, 1901, p. 257, 413, 710; t. 37, 1901, p. 129; t. 38, 1901, p. 227).

96. Schreinemakers (F. A. H.). — Tensions de vapeur de mélanges ternaires, eau-acétone-phénol (*Archives Néerlandaises*, 2e série, t. 8, 1903, p. 1; *Zeit. f. physik. Chem.*, t. 39, 1908, p. 485; t. 40, 1902, p. 440; t. 41, 1902, p. 341).

97. Schreinemakers (F. A. H.). — Quelques remarques sur les tensions de vapeur des mélanges ternaires (*Archives Néerlandaises*, 2e série, t. 8, 1903, p. 395; *Zeit. f. physik. Chem.*, t. 43, 1903, p. 671).

98. Schreinemakers (F. A. H.). — Tensions de vapeur de mélanges ternaires, benzène-tétrachlorure de carbone-alcool éthylique (*Archives Néerlandaises*, 2e série, t. 9, 1904, p. 279; *Zeit. f. physik. Chem.*, t. 47, 1904, p. 445; t. 48, 1904, p. 257).

99. Schüle (W.). — *Technische Thermodynamik*, 4e édition, t. 1, p. 545 (J. Springer, éditeur, Berlin, 1923).

100. Sorel (E.). — *Distillation et rectification industrielle* (Gauthier-Villars, éditeur, Paris, 1899).

101. Stedman (D. F.). — Composition des vapeurs émises par les solutions aqueuses de glycérine (*Trans. of the Faraday Soc.*, t. 24, 1928, p. 286).

102. Thormann (K.). — *Destillieren und Rektifiezieren*, 1 vol. (Otto Spramer, éditeur, Leipzig, 1928).

103. Tyrer (D.). — Chaleur latente de vaporisation des mélanges liquides (*Journ. Chem. Soc.*, t. 99, 1911, p. 1633; t. 101, 1912, p. 81 et 1104).

104. U. S. Industrial Alcohol Cⁱ. — American Patent nº 1 490 520 du 8 janvier 1923.

105. Van der Waals et Kohnstamm. — *Lehrbuch der Thermodynamik*, t. II, p. 193 (Leipzig, 1912).

106. Vèzes et Dupont. — *Résines et térébenthines*, 1 vol. in-8° (J.-B. Baillière et fils, éditeurs, Paris, 1924).

107. Vresky. — Sur la composition et la tension de vapeur des mélanges liquides binaires (*Zeit. f. physik. Chem.*, t. 81, 1912, p. 1; t. 83, 1913, p. 551).

108. Wade et Finnemore. — Éther éthylique : I. Influence de l'eau et de l'alcool sur son point d'ébullition (*Journ. Chem. Soc.*, t. 95, 1909, p. 1842).

109. Wade et Merriman. — Influence de l'eau sur le point d'ébullition de l'alcool éthylique au-dessus et au-dessous de la pression atmosphérique (*Journ. Chem. Soc.*, t. 99, 1911, p. 997).

110. Young (S.). — *Fractionnal Distillation*, 1 vol. (Mc Millan, éditeurs, Londres, 1903).

111. Young (S.). — *Distillation Principles and Process*, 1 vol. (Mc Millan, éditeurs, Londres, 1922).

112. Young (S.). — Tension de vapeur et points d'ébullition des mélanges liquides : III (*Journ. Chem. Soc.*, t. 83, 1903, p. 68).

— Procédé de déshydratation de l'alcool par distillation sans réactif chimique (D. R. P. nº 142 502, KC. 66, 17 octobre 1901).

113. Young (S.) et Fortrey. — Propriétés des mélanges d'eau et d'alcools gras inférieurs (*J. Chem. Soc.*, t. 81, 1902, p. 717).

114. Young (S.) et Fortrey. — Propriétés des mélanges d'alcools gras inférieurs et de benzène ainsi que des mélanges d'alcool, de benzène et d'eau (*J. Chem. Soc.*, t. 81, 1902, p. 739).

115. Zadwidzki (v.). — Sur la tension de vapeur des mélanges liquides binaires (*Zeit. f. physik. Chem.*, t. 35, 1900, p. 129).

— Sur les formes des courbes de tension de vapeur des mélanges liquides binaires (*Zeit. f. physik. Chem.*, t. 69, 1909, p. 630).

TABLE DES MATIÈRES.

PARIS. — IMPRIMERIE GAUTHIER-VILLARS ET Cie

Quai des Grands-Augustins, 55

83171-28

CONFÉRENCES-RAPPORTS DE DOCUMENTATION
SUR LA PHYSIQUE

Organisées avec le patronage du Collège de France, du Muséum d'Histoire naturelle, de la Faculté des Sciences de Paris, de la Direction des recherches et inventions de l'Institut d'Optique, de la Société française de Physique, de la Société de Chimie-Physique, de la Société française des Électriciens, de la Société de Navigation aérienne.

Mémorial

des Sciences Mathématiques

DIRECTEUR : Henri VILLAT
Correspondant de l'Académie des Sciences,
Professeur à la Sorbonne,
Directeur du "Journal de Mathématiques pures et appliquées"

Volumes in-8 raisin (25×16) se vendant séparément :

Fascicules parus :

Nombreux fascicules en preparation. Consulter la Notice spéciale.

83171-28   Paris. — Imp. GAUTHIER-VILLARS et Cⁱᵉ, 55, quai des Grands-Augustins.